肉牛生态高效养殖与养殖场经营

ROUNIU SHENGTAI GAOXIAO YANGZHI
YU YANGZHICHANG JINGYING

主　编　李伯森　杨银根　张会文
　　　　陈　伟　钟正鸣　周晓勇

U0346483

天津出版传媒集团
天津科学技术出版社

图书在版编目(CIP)数据

肉牛生态高效养殖与养殖场经营 / 李伯森等主编. --津:天津科学技术出版社,2024.4

ISBN 978-7-5742-1922-9

Ⅰ. ①肉… Ⅱ. ①李… Ⅲ. ①肉牛—饲养管理 Ⅳ. ①S823.9

中国国家版本馆 CIP 数据核字(2024)第 065217 号

肉牛生态高效养殖与养殖场经营

ROUNIUSHENGTAIGAOXIAOYANGZHIYUYANGZHICHANGJINGYING

责任编辑: 杜宇琪

出　　版: 天津出版传媒集团 / 天津科学技术出版社

地　　址: 天津市西康路 35 号

邮　　编: 300051

电　　话: (022)23332399

网　　址: www.tjkjcbs.com.cn

发　　行: 新华书店经销

印　　刷: 北京富泰印刷有限责任公司

开本 787×1092　1/32　**印张** 6.75　**字数** 169 000

2024 年 4 月第 1 版第 1 次印刷

定价: 35.00 元

《肉牛生态高效养殖与养殖场经营》
编　委

主　编：李伯森　杨银根　张会文

陈　伟　钟正鸣　周晓勇

副主编：祁占峰　钟伯梅　孙吉庆

王建斌　姜铄松　史立君

刘小平　李占环　张　惠

夏新良　沈文军　金春林

盛朝晖　晏红兵

编　委：程　忠　袁　勐　凌家先

李赛春　王　浩　杨秀峰

余昆鹏

前 言

随着人们生活水平的提高和饮食结构的改变，人们对肉类食品的需求不断增加。牛肉作为一种高蛋白、低脂肪、富含营养的食物，越来越受到消费者的青睐。这也推动了肉牛养殖业的发展。然而，肉牛传统的养殖方式出现了一些问题，如粪污排放严重污染环境，饲料利用率低、药物使用过量导致残留，疫病发生频繁等。这些问题不仅影响了肉牛的健康生长和产品质量，还对周围环境和人类健康产生了负面影响。因此，我们需要转向更加生态、高效的养殖方式，以确保肉牛的健康，提高牛肉的品质，减少对环境的压力，实现养殖业的可持续发展。

本书结合肉牛养殖现状，总结作者多年的实践经验，围绕肉牛生态高效养殖与养殖场经营管理的知识和技能编写而成。本书共九章，分别为肉牛的生物学特征、生态肉牛场规划与建设、肉牛的品种与杂交利用、肉牛的繁殖、肉牛常用饲料与配制、肉牛的饲养管理、肉牛疾病防治、粪污处理与资源化利用、肉牛场的经营管理等。

在本书的编写过程中，突出了语言通俗、结构清晰、内容实用、技术先进等特点。本书有助于肉牛养殖经营者提升自身素质和经营水平，促进肉牛养殖产业的健康、可持续发展。

由于时间仓促，加之水平有限，书中难免出现一些错误，欢迎广大读者批评指正。

编　者

目 录

第一章 肉牛的生物学特征

第一节 肉牛的形态特征

一、毛色

牛的毛色既是品种特征之一，也是个体特征之一，常常根据毛色来判断个体属于哪个品种。牛的毛色基本上分为白色、红色、黑色、褐色、灰色及白斑 6 类。如：夏洛来牛表现为乳黄、浅乳黄和白色，而且皮肤常有色斑；西门塔尔牛全部表现为白头的红白花和黄白花，且具有白尾梢、白腹及四肢白的特征。

二、角

在牛的系统发育过程中，角是作为防御性器官而被保存下来。角的有无和形状是牛品种特征的表现。在有角牛中，角的质地和角基的粗细与骨骼的发育程度有一定关系。我国的大部分黄牛为有角品种。在肉牛品种中，有许多无角品种，如安格斯牛和海福特牛等。

三、肩峰及胸垂

肩峰指牛鬐甲部的肌肉状隆起，胸垂指胸部发达的皮肤皱褶。我国的南方牛具有明显的肩峰和胸垂。一般公牛肩峰和胸垂比母牛发达。

四、其他形态特征

（一）双肌尻

指牛的臀部和股部肌肉异常发达，肌肉之间由于缺乏脂肪组织而形成界限分明的两块。这一现象在安格斯牛、夏洛来牛及海福特牛等一些肉牛品种中常出现。

（二）副乳头

正常情况下，母牛有4个乳区，即有4个相互独立的乳头，但少部分牛具有额外的1～3个乳头，而无相应的乳腺组织，称副乳头。

（三）体形

牛体形与其经济方向一致，这也是人类长期选择的结果，肉用牛通常呈矩形，就像一块横放的砖。

第二节 肉牛的行为特征

一、肉牛的行为学特点

（一）采食行为

用舌将草卷入口中，以牙齿钳住并用力扯断，故宜采食长草。饲养管理中，由于其采食速度快，常会吞吃铁钉、玻璃等尖锐东西，造成胃和心包膜的创伤，也容易将有毒物质吞下，因而在管理中应细心筛选。

（二）群体行为

自然状态下群居，以老母牛为主体形成“母性群体”，行动有严格的先后顺序，首领牛在前。

（三）排泄行为

牛是到处随意排泄的动物，常躺卧在被粪尿污染的地区，管理中必须注意牛体卫生。

二、肉牛的消化特性

（一）口腔

舌较长，无上切齿，进食速度快而咀嚼不细，食物与唾液混合成食团咽下。每顿进食量大，食饱后进行反刍。

（二）复胃结构

包括瘤胃、网胃、瓣胃和皱胃（真胃）。瘤胃占78%～85%，不分泌消化液，存在复杂的微生物区系，含有大量细菌和纤毛虫，可以发酵糖类、分解乳酸、纤维素、蛋白质，以及合成蛋白质和维生素等细菌，因此利用粗饲料的能力强。

（三）反刍

由一系列连续的反射性步骤组成：逆呕——再咀嚼——再混唾液——再吞咽。一般饲喂后30～60分钟开始反刍。持续40～50分钟；一昼夜约反刍6～8次，每天反刍6～8小时。分泌的唾液量大，一昼夜约为100～200升。通过反刍使瘤胃保持极端厌氧、恒温（39～41℃）、pH值恒定（5.6～7.5），能够维持瘤胃微生物正常发酵的环境。

（四）嗳气

牛采食以后，以及反刍时常发出往外吐气的声音，这种现象叫嗳气。牛产气主要有二氧化碳和甲烷，分别占气体总量的70%和30%左右；此外，有微量的氮气、氧气和硫化氢。气体不排出来就会发生臌胀，但通过嗳气很容易排出。

三、肉牛对环境的适应性

牛对环境有一定的适应性，但须经过驯化。由于牛的性情温顺，只要精心调教，细心管理，一般较易驯服，但生产中仍要防止对其粗暴，以防顶人或踢人等恶癖。一般情况下，牛的散热机能不完善，较耐寒不耐热。

第三节　肉牛生长发育的规律

一、肉牛生长发育阶段的特点

肉牛生长发育各阶段一般可以划分为胚胎期、哺乳期、育成期和成年期。

(一) 胚胎期

胚胎期是指从受精卵开始到出生为止的时期。胚胎期又可分为卵子期、胚胎分化期和胎儿期三个阶段。卵子期是指从受精卵形成到 11 天受精卵与母体子宫发生联系即着床的阶段。胚胎分化期是指从受精卵着床到胚胎 60 日为止。此前 2 个月，饲料在量上要求不多，而在质上要求较高。胎儿期是指从妊娠 2 个月开始直到分娩前为止，此期为身体各组织器官强烈增长期。胚胎期的生长发育直接影响犊牛的初生重，初生重大小与成年体重成正相关，从而直接影响肉牛的生产力。

(二) 哺乳期

哺乳期是指从牛犊出生到 6 月龄断奶为止的阶段。这是犊牛对外界条件逐渐适应、各种组织器官功能逐步完善的时期。该时期牛的生长速度和强度是一生中最快的时期。犊牛哺乳期生长发育所需的营养物质主要靠母乳提供，因此母牛的泌乳量对哺乳犊牛的生长速度影响极大。一般犊牛断奶重的变异性，50％～80％是由于它们母亲产奶量的影响。因此，如果母牛在泌乳期因营养不良和疾病等原因影响了泌乳性能，就会对哺乳犊牛产生不良影响，从而影响肉用牛的生产力。

（三）育成期

育成期是指犊牛从断奶生长发育到体成熟的阶段。育成期根据其不同生长发育特点分为幼年期和青年期。

1. 幼年期

指犊牛从断奶到性成熟的阶段。此期牛的体型主要向宽深方面发展，后躯发育迅速，骨骼和肌肉生长强烈，性功能开始活动。体重的增长在性成熟前呈加速趋势，绝对增重随年龄增加而增大，体躯结构趋于稳定。该时期对肉用牛生产力的定向培育极为关键，可决定此阶段后的养牛生产方向。

2. 青年期

指从性成熟到体成熟的阶段。这一时期的牛除高度和长度继续增长外，宽度和深度发育较快，特别是宽度的发育最为明显。绝对增重达到高峰，增重速度开始减慢，各组织器官发育完善，体型基本定型，直至达到稳定的成年体重。这一时期是肥育肉牛的最佳时期。

（四）成年期

成年期是指从发育成熟到开始衰老这一阶段。牛的体型、体重保持稳定，脂肪沉积能力大大提高，性功能最旺盛。因此，公牛配种能力最强，母牛泌乳稳定，可产生初生重较大、品质优良的后代。成年牛已度过最佳肥育时段，所以主要是作为繁殖用牛，而不是肥育用牛。在此以后，牛进入老年期，各种功能开始衰退，生产力下降，生产中一般已无利用价值。大多在经短期肥育后直接屠宰，但肉的品质较差。

二、肉牛生长发育的不平衡性

不平衡是指牛在不同的生长阶段，不同的组织器官生长发育速度不同。某一阶段这一组织的发育较快，下一阶段另一器官的生长较快。了解这些不平衡的规律，就可以在生产中根据目的不同利用最快的生长阶段，实现生产效率和经济效益的多快好省。肉牛生长发育的不平衡主要有以下几个方面的表现：

（一）体重增长的不平衡性

牛体重增长的不平衡性表现在其12月龄以前的生长速度。在此期间，从出生到6月龄的生长强度要远大于从6月龄到12月龄。12月龄以后，牛的生长明显减慢，接近成熟时的生长速度则很慢。因此，在生产上，掌握牛的生长发育特点，利用其生长发育快速阶段给予充分的营养，使牛能够快速生长，提高饲养效率。

（二）骨骼、肌肉和脂肪生长的不平衡性

牛的各种体组织（骨骼、肌肉、脂肪）占胴体重的百分率，在生长过程中变化很大。肌肉在胴体中的比例先是增加，而后下降；骨骼的比例持续下降；脂肪的比率持续增加，牛年龄越大脂肪的百分率越高。各体组织所占的比重，因品种、饲养水平等的不同也有差别。骨骼在胚胎期的发育以四肢骨生长强度大，如果营养不良，使肉牛在胚胎期生长最旺盛的四肢骨受到影响，其结果使犊牛在外形上就会表现出四肢短小、关节粗大、体重较轻的缺陷特征。肌肉的生长与肌肉的功能密切有关。不同部分的肌肉生长速度也不平衡。脂肪组织的生长顺序为：先贮腹腔网膜和板油，再贮皮下脂肪，最后才沉积到肌纤维间，进而形成大理石状花纹，使其肉质嫩度增加。

（三）组织器官生长发育的不平衡性

各种组织器官生长发育的快慢，根据其在生命活动中的重要性而不同。凡对生命有直接重要影响的组织器官如脑、神经系统、内脏等，在胚胎期一般出现较早，但发育缓慢，结束较晚；而对生命重要性较差的组织器官如脂肪、乳房等，则在胚胎期出现较

晚，但生长较快。器官的生长发育强度随器官功能变化也有所不同。如初生犊牛的瘤胃、网胃和瓣胃的结构与功能均不完善，皱胃比瘤胃大一半。但随着年龄和饲养条件的变化，瘤胃从2～6周龄开始迅速发育，至成年时瘤胃占整个胃重的80%，网胃和瓣胃占12%～13%，而皱胃仅占7%～8%。

(四) 补偿生长

幼牛在生长发育的某个阶段，如果营养不足而增重缓慢，当在后期某个阶段恢复良好营养条件时，其生长速度就会比一般牛较快。这种特性叫做牛的补偿生长。牛在补偿生长期间，饲料的采食量和利用率都会提高。因此，生产上对前期发育不足的幼牛常利用牛的补偿生长特性在后期加强营养水平。牛在出售或屠宰前的肥育，部分就是利用牛的这一生理特性。但并不是在任何阶段和任何程度的发育受阻都能进行补偿，补偿的程度也因前期发育受阻的阶段和程度而不同。

三、影响肉牛生长发育的因素

(一) 品种

肉牛作为肉用品种本身，按体型大小可分为大型品种、中型品种和小型品种；按早熟性可分为早熟品种和晚熟品种；按脂肪贮积类型能力又可分为普通型和瘦肉型。一般小型品种的早熟性较好，大型品种则多为晚熟种。不同的品种类型，体组织的生长形式和在相同饲养条件下的生长发育仍有不同的特点。早熟品种一般在体重较轻时便能达到成熟年龄的体组织比例，所需的饲养期较短，而晚熟品种所需的饲养期则较长。其原因是小型早熟品种在骨骼和肌肉迅速生长的同时，脂肪也在贮积，而大型晚熟品种的脂肪沉积在骨骼和肌肉生长完成后才开始。

（二）性别

造成公、母犊牛生长发育速度显著不同的原因，是由于雄激素促进公犊生长，而雌激素抑制母犊生长。公、母犊在性成熟前由于性激素水平较低，生长发育没有明显区别。而从性成熟开始后，公犊生长明显加快，肌肉增重速度也大于母牛。颈部、肩胛部肌肉群占全部肌肉的比例高于阉牛和母牛，第十肋以前的肌肉重量公牛可达55%，而阉牛只有45%。公牛的屠宰率也较高，但脂肪的增重速度以阉牛最快，公牛最慢。

（三）年龄

牛不同的组织器官在不同的年龄阶段生长发育速度不同。一般生长期饲料条件优厚时，生长期增重快，肥育期增重慢。生长期饲料条件贫乏时，生长期营养不足，供肥育的牛体况较瘦。在舍饲条件下充分肥育时，年龄较大的牛采食量较大，增重速度较低龄牛高。但不同年龄的牛增重的内容不同。低龄牛主要由于肌肉、骨骼、内脏器官的增长而增重，而年龄较大的牛则主要由于体内脂肪的沉积。由于饲料转化为脂肪的效率大大低于转化为肌肉、内脏的效率，加之低龄牛维持需要低于大龄牛，因此大龄牛的增重经济效益低于低龄牛直接肥育。

（四）杂种优势

杂交指不同品种或不同种群间进行交配繁殖，由杂交产生的后代称杂种。不同品种牛之间进行杂交称品种间杂交，一般常见的杂交即为该类杂交；不同种间的牛杂交如黄牛配牦牛，则称为种间杂交或远缘杂交。杂交生产的后代往往在生活力、适应性、抗逆性和生产性能方面比其亲本都高，这就是所谓的杂种优势。在数值上，杂种优势指杂种后代与亲本均值相比时的相差值，是以杂种后代和双亲本的群体均值为比较基础的。杂种优势产生的原因，是由于杂种的遗传物质产生了杂合性。从基因水平上对杂种优势的解释有基因显性、超显性和上位学说。杂交可以产生杂种优势，但并不意味着任何两个品种杂交都能保证产生杂种优势，更不是随意每个品种的交配都能获得期望性状的杂种优势。因为不同群体的基因间的相互作用，既可以是相互补充、相互促进的，也可能发生相互抑制或抵消。

（五）营养

营养对牛生长发育的影响表现在饲料中的营养是否能满足牛的生长发育所需。牛对饲料养分的消耗首先用于维持需要，之后多余的养分才能用于生长。因而，饲料中的营养水平越高，则牛摄取日粮中的营养物质用于生长发育所需的数量则越多；生长发育较快而饲料中营养不足，则导致其生长发育速度减慢。饲料营养水平的高低不仅影响牛的生长发育速度，还与牛对饲料的利用率成负相关，即饲料营养水平愈高，牛对饲料的利用率将下降；饲料中的含脂率提高，将减少牛的日粮采食量；提高日粮的营养水平，则会增加饲养成本等。因此，在肉牛饲养实践中，并不是饲养水平在任何情况下都越高越好，而是要从生产目的和经济效益两方面综合考虑。

（六）饲养管理

对牛生长发育有影响的管理因素很多，有些因素甚至影响程度很大。对肉牛生产有较大影响的管理因素有：犊牛的出生季节，牛的饲喂方式和时间、次数，日常的防疫驱虫、光照时间，牛的运动场地等。

第二章 生态肉牛场规划与建设

第一节　生态肉牛场的规划

一、肉牛场场址的选择

肉牛场是肉牛养殖最基本的条件。肉牛场场址选择应以健康养殖、卫生防疫、经济便利、生态和可持续性发展为原则。要有周密考虑、统盘安排和比较长远的规划，必须考虑农牧业发展规划、农田基本建设规划以及今后的需要，留有发展的余地。

（一）地势高燥

肉牛场要修建在地势高燥、背风向阳、空气流通、地下水位低、易于排水并且有缓坡的平坦开阔的地方。牛场用地土质要坚实，最好是沙质土壤，透水透气性好。

（二）土质良好

土质以沙壤土为好，透水性强，雨水、尿液不易积聚，雨后没有硬结、有利于牛舍及运动场的清洁与卫生干燥，有利于防止蹄病及其他疾病的发生。

（三）水源充足

肉牛场的水量应充足，水质良好，便于取用和保护。此外，在选择时，要调查当地是否因水质不良而出现过某些地方性疾病等。水源通常以井水、泉水、地下水为好。

（四）电力充足

现代化牛场的饲料加工、通风、饲喂以及清粪等都需要电。因此，牛场要设在供电方便的地方。

(五) 饲草饲料资源丰富

肉牛饲养所需的饲料特别是粗饲料需要量大，不宜运输。肉牛场应距秸秆、青贮和干草饲料资源较近，以保证草料供应，减少运费，降低成本。

(六) 交通便利

便利的交通是牛场对外进行物质交流的必要条件，但距公路、铁路和飞机场过近时，噪声会影响肉牛的消化和正常休息，人流、物流频繁也易使肉牛患传染病。所以，牛场应距交通干线1000米以上，距一般交通线100米以上，有一个缓冲区域。

(七) 满足防疫要求

牛场应选在居民区、村庄的下风向和径流下方，距离居民区不少于500米，以避免肉牛的排泄物、饲料废弃物、患传染病的尸体等对居民区的污染，也要防止居民区对牛场的干扰。为避免居民区与牛场的相互干扰，可在两地之间建立树林隔离区。牛场附近不应有噪声超过90分贝的工矿企业，不应有肉类、皮革、造纸、农药、化工等有毒、有污染的工厂。

二、肉牛场的布局

(一) 主导风向

肉牛场的布局应因地制宜、便于饲养管理，有利于生产和提高工作效率，能为肉牛生产提供适宜的环境。肉牛场布局一般分为5个区，生产区、管理区、辅助区、隔离区、粪污处理区。场内各建筑物要合理布局，统一安排，尽可能做到整齐、紧凑、美观。肉牛场生活管理区位于主导风向的上风处。管理区与生活区一般平行布局，位于主导风向的上风处。如果不能平行，生活区位于管理区下风处。生产区位于管理区、生活区的下风处。隔离及粪污处理区位于最下风处。

（二）地势

管理区和生活区位于牛场地势较高的地方，生产区地势略低于管理区和生活区，隔离及粪污处理区位于地势最低处。

（三）牛场分区

1. 生产区

生产区包括牛舍、青贮窖（氨化池）、草料棚、精料库、饲料加工间、消毒室（池）、机械设备库、兽医室、人工授精室等设施，为整个肉牛场的核心和产生经济效益的主体。

牛舍要靠近生产区的中央，牛舍间要有5～10米的间距，以保证运动、采光和防疫等需要；青贮窖（氨化池）、草料棚、精料库、饲料加工间等与饲料有关的设施应位于牛舍附近上风向或侧风向的一侧，以便饲料的取用。

2. 管理区

为肉牛场工作人员办公、全场生产指挥、对外联系的主要场所，可分为办公、接待、会议等功能区。因管理区对外联系频繁，应与生产区严格隔离，尽量靠近牛场的主大门，位于生产区的上风处。

3. 辅助区

包括粗饲料库、精饲料库、加工车间、青贮窖、机械库等，可设在管理区与生产区之间，为肉牛养殖场的饲料调制、贮存、加工、设备维修等部门。辅助区的面积应按养殖规模决定，布局需适当集中，可节约水电线路管道，缩短饲草饲料的运输距离，便于科学管理。

（1）精饲料库、加工车间、青贮窖，应距离牛舍较近，便于运输饲料，减小劳动强度。

(2) 粗饲料库设在生产区的下风口地势较高处，与其他建筑物保持60米防火距离。

4. 隔离区

隔离牛舍包括兽医诊疗室，应位于牛场的一角，远离其他牛舍，是观察新购牛、隔离、治疗患病牛、病死牛等的场所，为牛场的重要组成部分。隔离区要四周砌围墙，设小门出入，出入口建消毒池、专用粪尿池，严格控制病牛与外界接触，以有效避免疾病传播和蔓延。

5. 粪污处理区

粪污处理区包括堆粪池和污水池，应位于生产区、管理区、辅助区、隔离区的下风向，尽可能远离牛舍，防止污水粪尿废弃物蔓延污染环境。

第二节 牛舍的建筑

一、牛舍的建筑要求及类型

牛舍建筑要根据当地全年的气温变化和牛的用途、性别、年龄等而确定。要因地制宜，就地取材，力求经济实用，并便于科学地进行管理和符合兽医卫生要求。条件许可时可建造高质量而经久耐用的牛舍。

牛舍按墙壁的封闭程度划分，可分为封闭式、半开放式、开放式和棚舍式；按屋顶的形状划分，可分为钟楼式、半钟楼式、单坡式、双坡式和拱顶式；按牛床的排列形式划分，可分为单列式、双列式和多列式；按舍饲对象划分，可分为成年母牛舍、犊牛舍、育成牛舍（架子牛舍）、育肥牛舍和隔离观察舍等。

二、牛舍的设计

（一）牛舍的内部设计

牛舍的内部需设置牛床、饲槽、饲喂通道、清粪通道与粪尿沟、牛栏和颈枷等。

1. 牛床

牛床必须保证牛可以舒适、安静地休息，保持牛体的清洁，并容易打扫。牛床要坚固、平坦、防滑、排水良好，通常有1%～1.5%的坡度。牛床要造价低、保暖性好、便于清除粪尿。

肉牛牛床常用短牛床，肉牛的前身靠近饲料槽后壁，后肢接近牛床的边缘，使粪便能直接落在粪沟内。牛床的长度一般为160～180厘米，宽度一般为60～120厘米。目前牛床都采用水泥面层，并在后半部画防滑线。在冬季，为降低寒冷对肉牛生产的影响，需要在牛床上加铺垫物。牛床面层最好采用橡胶等材料。

2. 饲槽

采用单一类型的全日粮配合饲料，即用青贮饲料和配合饲料调制成混合饲料。在采用舍饲散栏饲养时，大部分精饲料在舍内饲喂，青贮饲料在运动场或舍内食槽内饲喂，青草、干草一般在运动场上饲喂。饲槽位于牛床前，通常为通槽。饲槽长度与牛床宽度相等，饲槽底平面高于牛床5厘米。饲槽需坚固，表面光滑，不透水，多为砖砌，水泥砂浆抹面；饲槽底部平整，两侧带圈弧形，以适应牛用舌采食的习性；槽底向排水口的方向稍有坡度，便于清洗与消毒。为了不妨碍牛的卧息，饲槽前壁（靠牛床的一侧）应做成一定弧度的凹形窝。也有采用无帮浅槽的，把饲喂通道加高30～40厘米，前槽帮高20～25厘米（靠牛床），槽底部高出牛床10～15厘米。这种饲槽有利于饲料车运送饲料，饲喂省力；采食不“窝气”，通风良好。

3. 饲喂通道

饲料通道设在牛食槽前面，宽度为1.6～2.0米，一般贯穿牛舍中轴线，通道坡度为1%。

4. 清粪通道与粪尿沟

清粪通道的宽度要满足运输工具的往返和牛的出入，且注意防滑。宽度一般为1.5～1.7米，路面要有1%的拱度。通道标高低于牛床的地面5厘米。

在牛床与清粪通道之间设有排粪明沟。牛舍明沟宽度为32～35厘米、深度为5～15厘米，沟底应为方形，便于用锹除粪。沟底长度带有约6%的排水坡度，向下水道倾斜。当明沟深度超过20厘米时，应设漏缝沟盖，以免胆小牛不越过或失足时下肢受伤。

5. 牛栏和颈枷

牛栏位于牛床与饲槽之间，和颈枷一起用于固定牛。牛栏由横杆、主立柱和分立柱组成。每两个主立柱间距离与牛床宽度相等，主立柱之间有若干分立柱，分立柱之间距离为10～12厘米，颈枷两边分立柱之间距离为15～20厘米。最简便的颈枷为下颈链式，用铁链或结实的绳索制成，在内槽沿有固定环，绳索系于牛颈部、鼻环、角之间和固定环之间。此外，直链式、横链式颈枷也是常用的。

(二) 不同类型牛舍的设计

专业化肉牛场一般只饲养育肥牛，牛舍的种类简单，只需要肉牛舍。自繁自养的肉牛场牛舍种类复杂，需要有犊牛舍、育肥舍、繁殖牛舍和分娩牛舍。

1. 犊牛舍

犊牛舍必须考虑屋顶的隔热性能和舍内的温度及昼夜温差，

所以墙壁、屋顶、地面均应重视，并注意门窗的设计，避免穿堂风。初生（0～7日龄）犊牛对温度的适应力较差，所以，在南方气温高的地方要注意防暑。在北方，重点是防寒。在冬季，初生犊牛舍可用厚垫草。犊牛舍不宜用煤炉取暖，可用火墙、暖气等。初生犊牛舍冬季的室温在10℃左右。2日龄以上犊牛则因需放室外运动，所以，注意室内外温差不超过8℃。

犊牛舍可分为初生犊牛栏和犊牛栏。初生犊牛栏长为1.8～2.8米、宽为1.3～1.5米，过道侧设长0.6米、宽0.4米的饲槽，栏门宽0.7米。犊牛栏之间用高为1米的挡板相隔，饲槽端为带颈枷栅栏（高为1米），地面高出10厘米，向门方向做1.5%坡度，以便清扫。犊牛栏长为1.5～2.5米（靠墙为粪尿沟，也可不设），过道端设通槽，通槽与牛床间以带颈枷的木栅栏相隔，高为1米，每头犊牛所占面积为3～4米^2。

2. 肉牛舍

肉牛舍可以采用封闭式、开放式牛舍或棚舍，应具有一定的保温隔热性能，特别是夏季要防热。肉牛舍的跨度由清粪通道、饲槽宽度、牛床长度、牛床列数、粪尿沟宽度和饲喂通道等决定。一般每栋牛舍容纳50～120头牛。以双列对头为好。牛床长加粪尿沟需2.2～2.5米，牛床宽为0.9～1.2米，中央饲料通道宽为1.6～1.8米，饲槽宽为0.4米。

3. 繁殖牛舍

繁殖牛舍的规格和尺寸同肉牛舍。

4. 分娩牛舍

分娩牛舍多采用密闭舍或有窗舍，有利于保持适宜的温度。饲喂通道宽为1.6～2米，牛走道（或清粪通道）宽为1.1～1.6米，牛床长为1.8～2.2米、宽为1.2～1.5米。分娩牛舍可以是单列式，也可以是多列式。

（三）门窗的设计

牛舍门洞大小依牛舍而定。繁殖母牛舍、育肥牛舍门宽为1.8～2.0米、高为2.0～2.2米；犊牛舍、架子牛舍门宽为1.4～1.6米、高为2.0～2.2米。繁殖母牛舍、犊牛舍、架子牛舍的门洞要求有2～5个（每一个横行通道一般有一个门洞），育肥牛舍有1～2个门洞。高为2.1～2.2米、宽为2～2.5米。门一般设成双开门，也可设为上下翻卷门。封闭式的窗应大一些，一般高为1.5米、宽为1.5米，窗台距地面1.2米为宜。

三、牛舍配套设施设备

（一）运动场

运动场是牛休息的地方，肢蹄病发病的高低与之有着密切关系。运动场与牛舍相隔5米，宜设在牛舍南侧向阳的地方，应便于绿化。运动场地应该干燥、平坦，同时要有4%的坡度（其中央较高，向东、西、南三面倾斜）。除靠近牛舍的一边外，运动场的其他三边必须开排水沟，以便于在下大雨、暴雨时排出场内的积水，并且经常保持运动场的整洁和干燥。运动场四周还要建围栏。可以用水泥柱或钢管作围栏的支柱，用钢筋将其连在一起，也可用石料作围栏。成年母牛、青年牛、育成牛的围栏高度均为1.4～1.6米；犊牛的围栏高度为1.2～1.4米。运动场可以使用砖、三合土或石块铺设。运动场应搭设遮阴、避雨的凉棚，或采用隔栏式的休息棚。场内还应设饮水槽，旁边设盛矿物质饲料和食盐的槽子。

（二）牛舍通风及防暑降温的机械和设备

标准化肉牛养殖小区的牛舍通风设备有电动风机和电风扇。轴流式风机是牛舍常见的通风换气设备，这种风机既可排风，又可送风，而且风量大。电风扇也常用于牛舍通风，一般为吊扇。

喷淋降温系统是目前最实用而有效的降温方法。它是将细水滴喷到牛背上湿润它的皮肤，利用风扇及牛体的热量使水分蒸发以达到降温的目的。这主要是用来降低牛身体的温度，而不是牛舍的温度。当仅靠开启风扇不能有效消除肉牛热应激的影响时，可以将机械通风和喷淋结合。喷淋降温系统一般安装在牛舍的采食区、休息区、待挤区以及挤奶厅，它主要包括水路管网、水泵、电磁阀、喷嘴、风扇以及含继电器在内的控制设备。喷水与风扇结合使用，会形成强制气流，提高蒸发散热效率，迅速带走牛体多余的热量。喷淋通风结合降温系统时，通风和喷淋要交替进行。

（三）饲料加工配套设施设备

1. 牧草收获机

牧草收获机是将生长的牧草或作为饲草的其他作物切割、收集、制成各种形式干草的作业设备。机械化收获牧草具有效率高，成本低，能适时收、多收等优点。世界上畜牧业发达国家都非常重视牧草收获方法，主要使用的收获方法是散草收获法和压缩收获法两种。

散草收获法的主要机具配置有割草机、搂草机、切割压扁机、集草器、运草车、垛草机等。不同机具系统由不同单机组成。工艺流程是割草机割草——搂草机搂草——方捆机压方捆（或圆捆机压圆捆）——捡运或（装运）——储存。要正确地对各单机进行选型，使各道工序之间的配合和衔接经济合理，保证整个收获工艺经济效果最佳。

压缩收获工艺比散草收获工艺的生产效率高（省略了集草堆垛工序），提高生产率 7～8 倍，草捆密度高、质量好，便于保存和提高运输效率。各单机技术水平和性能较先进，适合于我国牧区地势较平坦、产草量较高的草场。但一次性投资大，使用技术高，目前只在经济条件较好的牧场及储草站使用。

2. 青饲料铡草机械

铡草机也称切碎机，主要用于切碎粗饲料，如谷草、稻草、麦秸、玉米秸等。按机型大小可分为小型、中型和大型。小型铡草机适用于广大农户和小规模饲养户，用于铡碎干草、秸秆或青饲料。中型铡草机也可以切碎干秸秆和青饲料，故又称秸秆青贮饲料切碎机。大型铡草机常用于规模较大的饲养场，主要用于切碎青贮原料，故又称青贮饲料切碎机。铡草机是农牧场、农户饲养草食家畜必备的机具。秸秆、青贮料或青饲料的加工利用，切碎是第一道工序，也是提高粗饲料利用率的基本方法。铡草机按切割部分形式可分为滚筒式和圆盘式两种。大中型铡草机为了便于抛送青贮饲料，一般多为圆盘式，而小型铡草机以滚筒式居多。大中型铡草机为了便于移动和作业，常装有行走轮，而小型铡草机多为固定式的。

3. 全混合日粮搅拌喂料车

全混合日粮搅拌喂料车主要由自动抓取、自动称量、粉碎、搅拌、卸料和输送装置等组成。有多种规格，适用于不同规模的肉牛场、肉牛小区及全混合日粮饲料加工厂固定式与移动式的选择主要应从牛舍建筑结构、人工成本、耗能成本等方面考虑。一般尾对尾老式牛舍，过道较窄，搅拌车不能直接进入，最好选择固定式；而一些大型牛场，牛舍结构合理，从自动化发展需求和人员管理难度考虑，最好选择移动式。中小型牛场固定式与移动式的选择应从运作成本考虑，主要涉及耗油、耗电、人工、管理几个方面。

饲料搅拌喂料车可以自动抓取青贮、草捆和精料啤酒糟等，可以大量减少人工，简化饲料配制及饲喂过程，提高肉牛饲料的转化率和产奶性能。

4. 草料库

根据饲草料原料的供应条件设计，应分为饲料和干草棚，总贮存量应满足3～6个月生产需要用量的要求，精饲料的贮存量应满足1～2个月生产用量的要求。

5. 饲料加工场

饲料加工场包括原料库、成品库、饲料加工间等。原料库应能够贮存肉牛场10～30天所需要的各种原料；成品库可略小于原料库，库房内应宽敞、干燥、通风良好，室内地面应高出室外地面30～50厘米，地面以水泥地面为宜，房顶要具有良好的隔热、防水性能，窗户要高，门窗要注意防鼠，整体建筑注意防火。

6. 青贮窖

青贮窖（含平贮）要选择建在排水好，地下水位低，防止倒塌和地下水渗入的地方，要求用水泥等建筑材料制作，密封性好，防止空气进入。青贮饲料的贮备量按每头牛10千克/天计算，总贮量应当满足牛场全年需要量。

(四) 除粪设备

除粪设备有机械除粪设备和水冲除粪设备两种。机械除粪设备有连杆刮板式、环形刮板式、双翼形推粪板式和运动场上除粪设备等。

连杆刮板式除粪设备用于单列牛床，链条带动带有刮板的连杆，在粪沟内往复运动，刮板单向刮粪，逐渐把粪刮向一端粪坑内。适用于在单列牛舍的粪沟内除粪。

环形刮板式除粪设备用于双列牛床，将两排牛床粪沟连成环形状（类似操场跑道），有环形刮板在沟内做水平环形运动，在牛舍一端环形粪沟下方设一粪池（坑）及倾斜链板升运器，粪入粪池后，再提运到舍外装车，运出舍外。适用于在双列牛舍的粪沟内除粪。

双翼形推粪板式除粪设备用于隔栏散放，电机、减速器、钢丝绳、翼形推粪板往复运动，把粪刮入粪沟内，往复运动由行程开关控制。翼形刮板（推粪板）有双翼板，两板可绕销轴转动，推粪时呈“V”形，返回时两翼合笼，“V”形板不推粪。适用于宽粪沟的隔栏散养牛舍的除粪作业。

运动场上除粪设备，同养猪除粪车（铲车）相似，车前方有一刮蒸铲，向一方推成堆状，发酵处理或装车运出场外。

（五）消毒清洗设备

1. 喷雾消毒推车

用于牛舍内消毒，便于移动，使用维护简便，适合牛舍内使用。

2. 消毒液发生器

用于生产次氯酸钠消毒液，具有成本低廉，便于操作的特点，可以现制现用，解决了消毒液运输、储存的困难，仅用普通食盐和水即可随时生产消毒液，特别适合大型肉牛规模饲养场使用。

3. 牛体刷

全自动牛体刷包括吊挂固定基础部件、通过固定连接件悬挂在吊挂固定基础部件上的电动机和刷体。当牛将刷体顶起倾斜时，电动机自动起动，带动刷体旋转；当肉牛离开时，电动机带动刷体继续旋转一段时间后停止。可实现刷体自动旋转、停止及手动控制。

牛体刷能够使肉牛容易达到自我清洁的目的，减少肉牛身体上的污垢和寄生虫。同时，牛体刷还可以促进肉牛血液循环，保持肉牛皮毛干净，提高采食量。使肉牛的头部、背部和尾部得到清理，不再到处摩擦搔痒，从而节约费用，预防事故发生。牛蹄刷也是生产高档牛肉必备的设备之一。

（六）保定设备

保定设备包括保定架、鼻环、缰绳与笼头、吸铁器。

1. 保定架

保定架是牛场不可缺少的设备，给牛打针、灌药、编耳号及治疗时均使用。通常用原木或钢管制成，架的主体高 160 厘米，支柱高 200 厘米，立柱部分埋入地下约 40 厘米，架长 150 厘米，宽 65～70 厘米。

2. 鼻环

为便于抓牛、牵牛和拴牛，尤其是对未去势的公牛，常给牛带上鼻环。鼻环有两种类型：一种为不锈钢材料制成，质量好又耐用；另一种为铁或铜材料制成，质地较粗糙，材料直径 4 毫米左右。

注意不宜使用不结实、易生锈的材料，其往往将牛鼻拉破，引起感染。

3. 缰绳与笼头

缰绳与笼头为拴系饲养时所必需的，采用围栏散养方式可不用缰绳与笼头。缰绳通常系在鼻环上，以便牵牛；笼头套在牛的头上，便于抓牛，而且牢靠。缰绳材料有麻绳、尼龙绳，每根绳长为 1.6 米左右、直径为 0.9～1.5 厘米。

4. 吸铁器

因为牛的采食行为是大口吞咽的，如果杂草中混杂着细铁丝等杂物，容易误食，一旦吞进去以后，就不能排出，会积累在瘤胃里面对牛的健康造成伤害，所以可以使用吸铁器将里面的杂物吸出。

第三节 生态肉牛场环境控制

肉牛生产性能的高低，不仅取决于其本身的遗传因素，还受到外界环境条件的制约。环境恶劣，不仅使肉牛生长缓慢，饲养成本增高，甚至会使肉牛机体抵抗力下降，诱发各种疾病。因此，饲养肉牛必须按照肉牛的生活习性、生理特点和对环境条件的要求，结合资金状况、饲养规模、发展规划、机械化程度以及不同地区的特点和卫生防疫制度，综合安排，合理布局，搞好肉牛场的选址、设计和施工，为肉牛生产及保健创造适宜的环境条件。

一、温度

气温对牛机体的影响最大，不同程度地影响牛体健康及其生产力的发挥。通常，肉牛舍最适宜的温度范围为10～15℃；哺乳犊牛舍最适宜的温度范围为12～15℃；断乳牛舍最适宜的温度范围为6～8℃；产房最适宜的温度为15℃。舍内温度调节措施主要包括防寒保暖和防暑降温。

（一）牛舍的防寒保暖

牛的抗寒能力较强，冬季外界气温过低会影响牛的增重、产乳和犊牛的成活率。所以，必须做好牛舍的防寒保暖工作。一是加强牛舍保温设计。牛舍的保温隔热设计是维持牛舍适宜温度的最经济、最有效的措施。根据不同类型牛舍对温度的要求来设计牛舍的屋顶和墙体，使其达到保温要求。二是减少舍内热量散失。如采取关闭门窗、挂草帘、堵缝洞等措施，减少牛舍热量外散和冷空气进入。三是增加外源热量。在牛舍的阳面或整个室外牛舍搭设塑料大棚。利用塑料薄膜的透光性，白天接受太阳能，夜间可在棚上面覆盖草帘，降低热能散失。对于犊牛舍，在必要时可以采暖。四是防止冷风吹袭牛体。舍内冷风可以来自墙、门、窗等的缝隙和进出气口、粪沟的出粪口，局部风速可达4～5米/秒，使牛舍的局部温度下降，影响牛的生产性能。冷风直吹牛体，增加牛体散热，甚至引起牛的伤风感冒。冬季到来前，要检修好牛舍，堵塞缝隙，在进出气口加设挡板，在出粪口安装插板，防止冷风对牛体的侵袭。

（二）牛舍的防暑降温

夏季的环境温度高，牛舍温度更高，牛容易发生严重的热应激，轻者影响生长和生产，重者导致发病和死亡。因此，必须做好牛舍的防暑降温工作。一是加强牛舍的隔热设计。加强牛舍外围护结构的隔热设计，特别是屋顶的隔热设计，可以有效地降低舍内温度。二是环境绿化遮阳。在牛舍或运动场的南面和西面的一定距离处栽种高大的树木（如树冠较大的梧桐）或丝瓜、眉豆、葡萄、爬山虎等藤蔓植物，以遮挡阳光，减少牛舍的直接受热。在牛舍顶部、窗户的外面或运动场上拉遮光网，其遮光率可达70%，而且使用寿命达4～5年。实践证明这是一种有效的降温方法。三是墙面刷白。白色反光率很强，可将牛舍的顶部及南面、西面墙面等受到阳光直射的地方刷成白色，以减少牛舍的受热度，增强光反射。可在牛舍的顶部铺放反光膜，可降低舍温2℃左右。四是蒸发降温。牛舍内的温度来自太阳辐射，舍顶是主要的受热部位，因此，降低牛舍顶部热能的传递是降低舍温的有效措施。在牛舍的顶部安装水管和喷淋系统；当舍内温度过高时，可以用凉水在舍内进行喷洒、喷雾等。五是加强通风。密闭舍加强通风可以增加对流散热，必要时可以安装风机，进行机械通风。

二、湿度

湿度是指空气的潮湿程度。一般来说，当气温适宜时，湿度对肉牛育肥效果影响不大。但湿度过大会加剧高温或低温对肉牛的影响。一般空气湿度以55%～80%为宜。调节牛舍内的湿度，可以采取如下措施。

(1) 舍内相对湿度低时，可在舍内地面洒水，或用喷雾器在地面和墙壁上喷水，水的蒸发可以提高舍内湿度。

(2) 当舍内湿度高时，采取如下措施来降低舍内湿度。一是加大换气量。通风换气可驱除舍内多余的水汽，引入干燥的新鲜空气。二是提高舍内温度。同样的水汽含量，若温度提高，相对湿度降低。特别是在冬季或犊牛舍，加大通风换气量对舍内温度影响大，可提高舍内温度。

(3) 防潮措施。保证牛舍干燥需要做好牛舍的防潮，除了选择地势高燥、排水好的场地外，可采取如下措施。一是牛舍墙基设置防潮层，新建牛舍待干燥后使用。二是确保舍内排水系统畅通，及时清理粪尿、污水。三是尽量减少舍内用水。舍内用水量大，湿度容易提高。要防止饮水设备漏水，能够在舍外洗刷的用具可以在舍外洗刷，或洗刷后的污水立即排到舍外，不要在舍内随处抛洒。四是保持舍内较高的温度，使舍内温度经常处于露点以上。五是使用垫草或防潮剂（如生石灰、草木灰），及时更换污浊、潮湿的垫草。

三、气流

通过空气对流作用，带走牛机体所散发的热量，起到降温作用。一般来说，风速越大，降温效果越明显。寒冷季节，若受大风侵袭，会加重低温效应，使肉牛的抗病力减弱，尤其对于犊牛，易患呼吸道、消化道疾病，如肺炎、肠炎等，对肉牛的生长发育有不利影响。炎热季节，加强通风换气，有助于防暑降温，并排出牛舍中的有害气体，改善牛舍环境卫生状况，有利于肉牛增重和提高饲料转化率。

四、光照

一般条件下，牛舍常采用自然光照，为了生产需要也采用人工光照。光照不仅对肉牛繁殖有显著作用，对肉牛生长发育也有一定影响。在舍饲和集约化生产条件下，采用16小时光照、8小时黑暗制度，育肥牛采食量增加，日增重得到明显改善。一般要求肉牛舍的采光系数为1∶16，犊牛舍的采光系数为1∶（10～14）。

五、微粒

微粒是以固体或液体微小颗粒的形式存在于空气中的分散胶体。牛舍中的微粒来源于牛的活动、采食、鸣叫，饲养管理过程（如清扫地面、分发饲料、饲喂）及通风除臭等机械设备运行。微粒可以影响牛的被毛质量，引发呼吸道病和传染性疾病等。舍内微粒的消除措施：一是改善牛舍和牧场周围地面状况，实行全面的绿化，种树、种草和种植农作物等。植物表面粗糙不平、多茸毛，有些植物还能分泌油脂或黏液，能阻留和吸附空气中的大量微粒。含微粒的大气流通过林带，风速降低，大径微粒下沉，小的微粒则被吸附。林带在夏季可吸附35.2%～66.5%的微粒。二是保持牛舍清洁。牛舍远离饲料加工场，分发饲料和饲喂动作要轻；保持牛舍地面干净，禁止干扫；更换和翻动垫草时，动作要轻；保持舍内通风换气，必要时安装过滤设备。三是保持适宜的湿度。适宜的湿度有利于尘埃沉降。

六、有害气体

牛的呼吸、排泄物和生产过程的有机物分解产生的有害气体成分要比舍外空气中有害气体的成分复杂、含量高。在密闭的牛舍中，有害气体含量容易超标，可以直接或间接引起牛群发病或生产性能下降。消除有害气体，可以采取如下措施。一是加强场址选择和合理布局，避免工业废气污染。合理设计肉牛场和肉牛舍的排水系统及粪尿、污水处理设施。二是加强防潮管理，保持舍内干燥。有害气体易溶于水，舍内湿度大时易吸附于材料中，舍内温度升高时又挥发出来。三是适量通风。保持舍内干燥是减少有害气体产生的主要措施，通风是消除有害气体的重要方法。当严寒季节保温与通风发生矛盾时，可向舍内定时喷雾过氧化物类的消毒剂，其释放出的氧能氧化空气中的硫化氢和氨，起到杀菌、除臭、降尘、净化空气的作用。四是加强牛舍管理。在舍内地面、牛床上铺设麦秸、稻草、干草等垫料，可以吸附空气中的有害气体，并保持垫料的清洁卫生。及时清理污物和杂物，排出舍内的污水，加强环境消毒。五是加强环境绿化。六是采用化学物质消除有害气体。使用过磷酸钙、丝兰属植物提取物、沸石，以及木炭、活性炭、生石灰等具有吸附作用的物质吸附空气中的臭气。

七、噪声

噪声对牛的生长发育和繁殖性能产生不利影响。肉牛在较强噪声环境中生长发育缓慢，繁殖性能不良。一般要求牛舍的噪声水平白天不超过 90 分贝，夜间不超过 50 分贝。

改善噪声的措施如下：一是选择合适的场地。牛场选在离交通干道、工矿企业和村庄等比较远的、安静的地方。二是选择噪声小的设备。三是搞好牛场的绿化。场区周围种植林带，可以有效地隔声。四是科学管理。生产过程中的各种操作要轻、稳，尽量保持牛舍的安静。

第三章

肉牛的品种与杂交利用

第一节 肉牛的优良品种

一、国外肉牛品种

(一) 安格斯牛

1. 原产地

原产于英国的阿伯丁、安格斯和金卡丁等郡，目前大多数国家都有该品种牛。安格斯牛属于古老的小型肉牛品种。

2. 外貌特征

以被毛黑色和无角为重要特征，故也称无角黑牛，也有红色类型的安格斯牛。体躯低矮、结实，头小而方，额宽，体躯宽深，呈圆筒形，四肢短而直，前后裆较宽，全身肌肉丰满，具有现代肉牛的典型体形。

3. 生产性能

安格斯牛适应性强，耐寒，抗病。成年公牛平均活重为 700～900 千克，成年母牛平均活重为 500～600 千克；犊牛平均初生重为 25～32 千克。成年公牛、母牛平均体高分别为 130.8 厘米和 118.9 厘米。肉用性能好，被认为是世界上专门化肉牛品种中的典型品种之一。表现早熟，胴体品质高，出肉多，屠宰率一般为 60%～65%。哺乳期日增重为 0.9～1 千克，育肥期平均日增重（1.5 岁以内）为 0.7～0.9 千克。肌肉大理石纹很好。

(二) 短角牛

1. 原产地

原产于英格兰东北部的诺森伯兰郡、达勒姆郡，21 世纪初已培育成为世界闻名的肉牛良种。近代短角牛有两种类型：肉用短角牛和乳肉兼用型短角牛。

2. 外貌特征

短角牛被毛以红色为主，有白色和红白交杂的沙毛个体，个别腹下或乳房部位有白斑；鼻镜呈粉红色，眼圈色淡；皮肤细致柔软。为典型肉用牛体形，侧望体躯为矩形，背部宽平，背腰平直，臀部宽广、丰满，股部宽。体躯各部位结合良好，头短，额宽平。角短细、向下稍弯，角呈蜡黄色或白色，角尖部为黑色。颈部被毛较长且多卷曲，额顶部有丛生的被毛。

3. 生产性能

成年公牛活重为900～1200千克，成年母牛活重为600～700千克；公牛、母牛体高分别为136厘米和128厘米左右。早熟性好，肉用性能突出，利用粗饲料能力强，增重快，产肉多，肉质细嫩。17月龄的牛活重可达500千克，屠宰率为65%以上。牛肉的大理石纹好，但脂肪沉积不够理想。

（三）利木赞牛

1. 原产地

原产于法国中部的利木赞高原，主要分布在法国的中部和南部的广大地区，数量仅次于夏洛来牛，属于专门化的大型肉牛品种。

2. 外貌特征

利木赞牛毛色为红色或黄色，背毛浓厚而粗硬，有助于抵御严寒。口鼻周围、眼圈周围、四肢内侧及尾帚的毛色较浅（即称“三粉特征”），角为白色，蹄为红褐色。头较短小，额宽，胸部宽深，体躯较长，后躯肌肉丰满，四肢粗短。利木赞牛全身肌肉发达，骨骼比夏洛来牛略细，一般较夏洛来牛小一些。成年公牛体重为1100千克，成年母牛体重为600千克。在法国较好的饲养条件下，公牛活重可达1200～1500千克，母牛活重达600～800千克。

3. 生产性能

产肉性能好，胴体质量好，眼肌面积大，前后肢肌肉丰满，出肉率高，在肉牛市场上很有竞争力。其育肥牛屠宰率约为65%，胴体瘦肉率为80%～85%，且脂肪少、肉味好，市场售价高。在集约饲养条件下，犊牛断奶后生长很快，10月龄体重即达408千克，周岁时体重可达480千克左右，哺乳期平均日增重为0.86～1千克。8月龄的小牛就可生产出具有大理石纹的牛肉。因此，利木赞牛是法国等一些欧洲国家生产牛肉的主要品种。

（四）夏洛来牛

1. 原产地

原产于法国中西部到东南部的夏洛来省和涅夫勒地区，因其生长快、肉量多、体形大、耐粗放管理而受到国际市场的广泛认可，已输往世界许多国家。

2. 外貌特征

夏洛来牛最显著的特点是被毛为白色或乳白色，皮肤常有色斑；全身肌肉特别发达；骨骼结实，四肢强壮，体力强大。夏洛来牛头小而宽，角圆而较长，并向前方伸展，角质蜡黄，颈粗短，胸宽深，肋骨方圆，背宽肉厚，体躯呈圆筒状，后躯、背腰和肩胛部肌肉发达，并向后和侧面突出，常形成“双肌”特征。公牛常有双鬐甲和凹背的缺点。

3. 生产性能

生长速度快，增重快，瘦肉多，且肉质好、无过多的脂肪。成年公牛平均活重为1100～1200千克，成年母牛平均活重为700

～800千克。6月龄的公犊体重可以达250千克，母犊体重可达210千克。犊牛日增重可达1.4千克。产肉性能好，屠宰率一般为60%～70%，胴体瘦肉率为80%～85%。16月龄的育肥母牛胴体重达418千克，屠宰率为66.3%。夏洛来母牛发情周期为21天，发情持续期为36小时，产后第一次发情时间为62天，妊娠期平均为286天。适应能力强，耐寒，抗热。夏季全日放牧时，采食快，觅食能力强，不补饲也能增重上膘。

（五）丹麦红牛

1. 原产地

原产于丹麦的西南岛、洛兰岛及默恩岛。1878年育成，以泌乳量、乳脂率及乳蛋白率高而闻名于世，现在许多国家都有分布。

2. 外貌特征

被毛呈一致的紫红色，不同个体间也有毛色深浅的差别；部分牛的腹部、乳房和尾帚部生有白毛。体躯长而深，胸部向前突出；背腰平直，臀宽平；四肢粗壮结实；乳房发达而匀称。

3. 生产性能

成年公牛活重为1000～1300千克，成年母牛活重为650千克；公牛、母牛平均体高分别为148厘米和132厘米；犊牛初生重平均为40千克。产肉性能较好，平均屠宰率为54%，育肥牛胴体瘦肉率为65%左右。犊牛哺乳期日增重较高，平均日增重为0.7～1千克。性成熟早，耐粗饲，耐寒、耐热，采食快，适应性强，泌乳性能也好。

（六）德国黄牛

1. 原产地

原产于德国和奥地利，系瑞士褐牛与当地黄牛杂交选育而成。

2. 外貌特征

毛色为浅黄（奶油色）到浅红色，体躯长，体格大，胸深，背直，四肢短而有力，肌肉强健。母牛乳房大，附着结实。

3. 生产性能

成年公牛活重为900～1200千克，成年母牛活重为600～700千克；公牛、母牛体高分别为145～150厘米和130～134厘米。屠宰率为62%，净肉率为56%，分别高于南阳牛5.7个和4.9个百分点。泌乳期平均泌乳量为4164千克，比南阳牛高4倍多，乳脂率为4.15%。母牛初产年龄为28月龄，犊牛平均初生重为42千克，难产率很低。小牛易育肥，肉质好，屠宰率高。去势小公牛育肥至18月龄时体重达500～600千克。

（七）海福特牛

1. 原产地

原产于英格兰西部的海福特郡，是世界上最古老的中小型早熟肉牛品种，现分布于世界上许多国家。

2. 外貌特征

具有典型的肉用牛体形，分为有角和无角两种。颈粗短，体躯肌肉丰满，呈圆筒状，背腰宽平，臀部宽厚，肌肉发达，四肢短粗，侧望体躯呈矩形。全身被毛除头、颈垂、腹下、四肢下部及尾尖为白色外，其余均为红色，皮肤为橙黄色，角为蜡黄色或白色。

3. 生产性能

成年母牛平均体重为520～620千克，成年公牛平均体重为900～1100千克；犊牛初生重为28～34千克。7～18月龄的牛平均日增重为0.8～1.3千克；在良好的饲养条件下，7～12月龄的牛平均日增重可达1.4千克以上。屠宰率一般为60%～65%，18

月龄公牛活重可达500千克以上。在干旱高原的牧场处于冬季严寒（－50～－48℃）或夏季酷暑（38～40℃）的条件下，海福特牛都可以放牧饲养和正常生活繁殖，表现出良好的适应性和生产性能。

（八）比利时蓝白牛

1. 原产地

原产于比利时的南部，能够适应多种生态环境，是欧洲市场较好的双肌大型肉牛品种。山西、河南分别于1996年和1997年引入比利时蓝白牛。

2. 外貌特征

比利时蓝白牛的毛色主要是蓝白色和白色，也有少量带黑色毛片的牛。体躯强壮，背直，肋圆。全身肌肉极度发达，臀部丰满，后腿肌肉突出。

3. 生产性能

成年公牛体重可达1250千克，成年母牛体重可达750千克。早熟，幼龄公牛可用于育肥。经育肥的蓝白牛，胴体中可食部分比例大，优等者胴体中肌肉约占70％、脂肪约占13.5％、骨约占16.5％。胴体一级切块率高。肌纤维细，肉质嫩，肉质完全符合国际市场的要求。

（九）皮埃蒙特牛

1. 原产地

原产于意大利北部的皮埃蒙特地区，原为役用牛，经长期选育，现已成为生产性能优良的专门化肉用品种。

2. 外貌特征

体躯发育充分，体形较大，胸部宽阔，肌肉发达，四肢强健。

公牛皮肤为灰色，眼、睫毛、眼睑边缘、鼻镜、唇及尾巴端为黑色，肩胛毛色较深。母牛毛色为全白，有的个体眼圈为浅灰色，眼睫毛、耳郭四周为黑色。犊牛幼龄时毛色为乳黄色，4～6 月龄胎毛褪去后，呈成年牛毛色。牛角在 12 月龄变为黑色，成年牛的角底部为浅黄色，角尖为黑色。

3. 生产性能

成年公牛体重不低于 1000 千克，成年母牛体重为 500～600 千克。公牛和母牛平均体高分别为 150 厘米和 136 厘米。育肥期日增重为 1.36～1.657 千克，公牛屠宰适期为 550～600 千克活重，在 15～18 月龄即可达到此值。14～15 月龄的母牛体重可达 400～450 千克。母牛肉质细嫩，瘦肉含量高，屠宰率为 65%～70%。公牛屠宰率为 68.23%。每 100 克肉中胆固醇含量为 48.5 毫克。

（十）西门塔尔牛

1. 原产地

原产于瑞士西部的阿尔卑斯山区，主要产地为西门塔尔平原和萨能平原。现成为世界上分布最广、数量最多的乳、肉、役兼用牛品种之一。

2. 外貌特征

属宽额牛，角较细而向外上方弯曲，尖端稍向上。毛色为黄白花或红白花，身躯缠有白色胸带，腹部、尾梢、四肢在飞节和膝关节以下为白色。颈长中等，体躯长。属欧洲大陆型肉用体形，体表肌肉群明显易见，臀部肌肉充实，且肌肉深，多呈圆形。前躯较后躯发育好，胸深，四肢结实，大腿肌肉发达，乳房发育好。

3. 生产性能

成年公牛平均体重为 800～1200 千克，成年母牛平均体重为

650～800 千克。乳、肉用性能均较好，平均泌乳量为 4070 千克，乳脂率为 3.9%。生长速度较快，平均日增重可达 1.0 千克以上，生长速度与其他大型肉用品种相近，胴体肉多，脂肪少而分布均匀。公牛育肥后屠宰率可达 65%左右。成年母牛难产率低，适应性强，耐粗放管理。

二、我国肉牛品种

(一) 秦川牛

1. 原产地

因产于陕西关中地区的“八百里秦川”而得名，渭南、蒲城、扶风和岐山等 15 个地区为主产区，目前全国各地都有。

2. 外貌特征

体格高大，骨骼粗壮，肌肉丰满，体质强健，前躯发育好，具有肉役兼用牛的体形。头部方正，肩长而斜。胸部宽深，肋长而弓。背腰平直宽长，长短适中，结合良好。荐骨稍隆起，后躯发育中等。四肢粗壮结实，两前肢相距较宽，蹄叉很紧。角短而钝。被毛细致有光泽，毛色多为紫红色及红色。鼻镜呈肉红色，部分个体有色斑。蹄壳和角多为肉红色。公牛头大颈短，鬐甲高而厚，肉垂发达；母牛头清目秀，鬐甲低而薄，肩长而斜，荐骨稍隆起。缺点是牛群中常见臀稍斜的个体。

3. 生产性能

肉用性能比较突出，短期（82 天）育肥后屠宰，18 月龄和 22.5 月龄屠宰的公阉牛、母阉牛，其平均屠宰率分别为 58.3%和 60.75%，净肉率分别为 50.5%和 52.21%，相当于国外著名的乳肉兼用品种水平。13 月龄屠宰的公牛、母牛其平均肉骨比（6：13）、瘦肉率（76.04%）、眼肌面积（公牛 106.5 平方厘米）均远远超过国外同龄肉牛品种。平均泌乳期为 7 个月，泌乳量为 715.8 千克（最高达 1006.75 千克）。常年发情，在中等饲养条件下，初情期为 9.3 月龄。成年母牛平均发情周期为 20.9 天，平均发情持续期为 39.4 小时，妊娠期为 285 天，产后第一次发情约需 53 天。公牛一般在 12 月龄性成熟，在 2 岁左右配种。

（二）南阳牛

1. 原产地

产于河南省南阳地区白河和唐河流域的广大平原地区，以南阳市郊区、唐河、邓州市、新野、镇平、社旗及方城等 8 个县（市）为主要产区。

2. 外貌特征

体格高大，肌肉发达，结构紧凑，四肢强健。皮薄，毛细，行动迅速，性情温驯。鼻镜宽，多为肉红色，其中部分带有黑点。公牛颈侧多有皱褶，尖峰隆起多为 8～9 厘米。毛色有黄、红和草白，以深浅不一的黄色为最多。一般牛的面部、腹部、四肢下部的毛色较浅。蹄壳以蜡黄色、琥珀色带血筋者较多。角型以萝卜角为主，公牛角基粗壮，母牛角细。鬐甲较高，肩部较突出，背腰平直，荐部较高。额微凹，颈短厚而多皱褶。部分牛的胸部欠宽深，体长不足，臀部较斜，乳房发育较差。

3. 生产性能

产肉性能良好，15 月龄育肥牛，体重可达 441.7 千克，平均日增重为 813 克，屠宰率为 55.6%，净肉率为 46.6%，胴体产肉率为 83.7%，肉骨比为 5：1。肉质细嫩，颜色鲜红，大理石花纹明显，味道鲜美。泌乳期为 6～8 个月，泌乳量为 600～800 千克。适应性强，耐粗饲。母牛常年发情，在中等饲养水平下，初情期在 8～12 月龄，初配年龄一般在 2 岁。发情周期为 17～25 天，平均为 21 天。妊娠期为 250～308 天，平均妊娠期为 289.8 天，产后发情约需 77 天。

(三) 蒙古牛

1. 原产地

广泛分布于我国北方各地，以内蒙古中部和东部为集中产区。

2. 外貌特征

毛色多样，以黑色和黄色居多。头部粗重，角长，垂皮不发达，胸较宽深，背腰平直，后躯短窄，臀部倾斜。四肢短，蹄质坚实。

3. 生产性能

成年公牛平均体重为 350～450 千克，成年母牛平均体重为 206～370 千克，地区类型间差异明显；公牛、母牛体高分别为 113.5～120.9 厘米和 108.5～112.8 厘米。泌乳力较好，产后 100 天内日均泌乳量为 5 千克，最高日泌乳量为 8.1 千克，平均含脂率为 5.22%。中等膘情的成年阉牛平均屠宰前重为 376.9 千克，屠宰率为 53.0%，净肉率为 44.6%，眼肌面积为 56.0 平方厘米。繁殖率为 50%～60%，犊牛成活率为 90%。4～8 岁为繁殖旺盛期。

(四) 鲁西牛

1. 原产地

产于山东省西南部的菏泽、济宁两地，以郓城、鄄城和嘉祥等为中心产区。黄淮地区、河北等地也有分布。

2. 外貌特征

体躯高大，结构紧凑，肌肉发达，前躯较宽深，具有较好的肉役兼用体形。被毛从浅黄到棕红都有，而以黄色为最多，占

70%以上。一般前躯毛色较后躯深，公牛毛色较母牛的深。多数牛具有完全的“三粉特征”，即眼圈、口轮、腹下四肢内侧毛色较浅。垂皮较发达，角多为龙门角。公牛肩峰宽厚而高，胸深而宽，后躯发育差，臀部肌肉不够丰满，前高后低；母牛后躯较好，鬐甲低平，背腰短而平直，臀部稍倾斜，尾细长。

3. 生产性能

肉用性能良好，18 月龄的育肥牛的平均屠宰率为 57.2%、净肉率为 49.0%、肉骨比为 6：1。皮薄骨细，肉质细嫩，大理石纹明显，市场占有率较高。体大力强，外貌一致，品种特征明显，但尚存在体成熟较晚、日增重不高、后躯欠丰满等缺陷。繁殖能力较强，公牛一般 2～2.5 岁开始配种；母牛性成熟早，有的 8 月龄即能受胎。一般 10～12 月龄开始发情，平均发情周期为 22 天，范围为 16～35 天，发情持续期为 2～3 天。平均妊娠期为 285 天，范围为 270～310 天。产后第一次发情平均为 35 天，范围为 22～79 天。

（五）延边牛

1. 原产地

产于吉林省延边朝鲜族自治州，尤以延吉、珲春、和龙及汪清等地的牛著称。现在东北三省均有分布，属寒温带山区的役肉兼用型品种。

2. 外貌特征

毛色为深浅不一的黄色。被毛密而厚，皮厚有弹力。胸部宽深，体质结实，骨骼坚实。公牛额宽、角粗大，母牛角细长。鼻镜呈浅褐色，带有黑点。

3. 生产性能

成年公牛平均活重为 465.5 千克，成年母牛平均活重为 365.2

千克。公牛、母牛平均体高分别为130.6厘米和121.8厘米，体长分别为151.8厘米和141.2厘米。18月龄育肥公牛平均屠宰率为57.7%、净肉率为47.23%。母牛泌乳期为6～7个月，一般泌乳量为500～700千克；20～24月龄初配，母牛繁殖年限为10～13岁。

（六）延黄牛

1. 原产地

延黄牛的中心培育区在吉林省东部的延边朝鲜族自治州，州内的图们市、龙井市农村和州东盛种牛场为核心区。延黄牛含延边牛75%、利木赞牛25%，是经杂交、回交、自群繁育、群体继代选育几个阶段而形成的。

2. 外貌特征

全身被毛颜色均为黄红色或浅红色，股间色淡；公牛角较粗壮，平伸；母牛角细，多为龙门角。骨骼坚实，体躯结构匀称，结合良好。公牛头较短宽，母牛头较清秀，臀部发育良好。

3. 生产性能

屠宰前短期育肥18月龄公牛平均宰前活重为432.6千克，胴体重为255.7千克，屠宰率为59.1%，净肉率为48.3%，日增重为0.8～1.2千克。母牛初情期为8～9月龄，初配期为13～15月龄，农村一般延后至20月龄，公牛性成熟期为14月龄。发情周期为20～21天，持续期约20小时，平均妊娠期为283～285天。公牛平均初生重为30.9千克，母牛平均初生重为28.8千克。

（七）三河牛

1. 原产地

产于内蒙古呼伦贝尔草原的三河（根河、得勒布尔河、哈布尔河）地区，是我国培育的第一个乳肉兼用品种，含西门塔尔牛基因。

2. 外貌特征

毛色以黄白花、红白花片为主，头为白色或有白斑，腹下、尾尖及四肢下部为白色毛。头清秀，角粗细适中，体躯高大，骨骼粗壮，结构匀称，肌肉发达，性情温驯。角稍向上向前弯曲。

3. 生产性能

公牛平均活重为1050千克，母牛平均活重为547.9千克；公牛、母牛平均体高分别为156.8厘米和131.8厘米。公牛初生重平均为35.8千克，母牛初生重平均为31.2千克。年泌乳量在2000千克左右，条件好时可达3000～4000千克，乳脂率一般在4%以上。产肉性能良好，未经育肥的阉牛屠宰率一般为50%～55%，净肉率为44%～48%，肉质良好，瘦肉率高。

（八）夏南牛

1. 原产地

育成于河南省泌阳县，是中国第一个具有自主知识产权的肉用牛品种。夏南牛是以法国夏洛来牛为父本、以南阳牛为母本、经杂交创新、横交固定和自群繁育三个阶段，采用开放式育种方法培育而成的肉用牛新品种。

2. 外貌特征

毛色纯正，以浅黄、米黄色居多。公牛头方正，额平直。成年公牛额部有卷毛；母牛头清秀，额平且稍长。公牛角呈锥状，水平向两侧延伸；母牛角细圆，致密光滑，多向前倾。耳中等大小，鼻镜为肉色。颈粗壮，平直。成年牛结构匀称，体躯呈长方形，胸深而宽，肋圆，背腰平直，肌肉比较丰满，臀部长、宽、平、直，尾细长。四肢粗壮，蹄质坚实，蹄壳多为肉色。母牛乳房发育较好。

3. 生产性能

公牛、母牛平均初生重分别为 38 千克和 37 千克，18 月龄公牛体重达 400 千克以上，成年公牛体重可达 850 千克以上。24 月龄母牛体重可达 390 千克，成年母牛体重可达 600 千克以上。母牛经过 180 天的饲养试验，平均日增重为 1.11 千克；公牛经过 90 天的集中强度育肥，日增重达 1.85 千克。未经育肥的 18 月龄公牛平均屠宰率为 60.13%，净肉率为 48.84%，眼肌面积为 117.7 平方厘米，熟肉率为 58.66%，肌肉剪切力值为 2.61，肉骨比为 4.81：1，优质肉切块率为 38.37%，高档牛肉率为 14.35%。平均初情期为 432 天，最早为 290 天；平均发情周期为 20 天；平均初配时间为 490 天；平均妊娠期为 285 天；产后平均发情时间为 60 天；难产率为 1.05%。

(九) 辽育白牛

1. 原产地

辽育白牛是以夏洛来牛为父本，以辽宁本地黄牛为母本级进杂交后获得的。抗逆性强，适应当地饲养条件，是经国家畜禽遗传资源委员会审定通过的肉牛新品种。

2. 外貌特征

全身被毛呈白色或草白色，鼻镜肉色，蹄角多为蜡色。体形大，体质强健，肌肉丰满，体躯呈长方形。头宽且稍短，额阔唇宽，耳中等偏大，大多有角，少数无角。颈粗短，母牛平直，公牛颈部隆起，无肩峰。母牛颈部和胸部多有垂皮，公牛垂皮发达。胸深宽，肋圆，背腰宽厚、平直，臀端宽齐，后腿部肌肉丰满。四肢粗壮，长短适中，蹄质结实，尾中等长度。母牛乳房发育良好。

3. 生产性能

成年公牛体重可达 910.5 千克，成年母牛体重可达 451.2 千克；公牛初生重可达41.6千克，母牛初生重可达38.3千克；12月龄公牛体重可达366.8千克，母牛体重可达280.6千克；24月龄公牛体重可达624.5千克，母牛体重可达386.3千克。6月龄断奶后，持续育肥至18月龄，宰前重可达561.8千克，屠宰率和净肉率平均为58.6%和49.5%；持续育肥至22月龄，宰前重为664.8千克，屠宰率和净肉率分别为59.6%和50.9%。短期育肥6个月，体重可达到556千克。母牛初配年龄为14～18月龄，产后发情时间为45～60天；公牛适宜初采年龄为16～18月龄。

（十）晋南牛

1. 原产地

产于山西省南部晋南盆地的运城地区。晋南牛是经过长期不断地人工选育而形成的地方良种。

2. 外貌特征

属于大型役肉兼用品种，体格粗壮，胸围较大，躯体较长。成年牛的前躯较后躯发达，胸部及背腰宽阔，毛色以枣红为主，红色和黄色次之，富有光泽；鼻镜和蹄壳多呈粉红色。公牛头短，额宽，颈较短粗，背腰平直，垂皮发达，肩峰不明显，臀端较窄；母牛头部清秀，体质强健，但乳房发育较差。角为顺风角。

3. 生产性能

产肉性能良好，中等营养水平饲养的18月龄的牛，平均屠宰率和净肉率分别为53.9%和40.3%；经高营养水平育肥者，平均屠宰率和净肉率分别为59.2%和51.2%。育肥的成年阉牛平均屠宰率和净肉率分别为62%和52.69%。育肥日增重、饲料报酬、形成大理石肉等性能优于其他品种。泌乳期为7～9个月，平均泌乳量为754千克，乳脂率为55%～61%。性成熟期为10～12月龄，初配年龄为18～20月龄，产犊间隔为14～18个月，妊娠期为287～297天，繁殖年限为12～15年，繁殖率为80%～90%。犊牛初生重为23.5～26.5千克。

第二节　肉牛的杂交方式

不同种群（品种或品系）个体杂交的后代往往在生活力、生长势和生产性能方面在一定程度上优于其亲本纯繁群平均值，这种现象称为杂种优势。杂交可以改变肉牛遗传结构，迅速提高低产牛群的生产性能及生产力，增大后代体型结构，提高后代生长速度，提高出肉率，增加经济效益。采用不同的杂交方法主要取决于杂交优势的利用率与管理的可行性与复杂性。肉牛生产中常见的杂交改良方式有以下几种。

一、二元杂交

二元杂交是指利用两个不同品种（品系）的公牛、母牛进行固定不变的杂交，利用一代杂种的杂种优势生产商品牛。这种杂交方法的优点是简单易行、杂种优势率最高，缺点是不能充分利用繁殖性能方面的杂种优势。通常以地方品种或培育品种为母本，只需引进一个外来品种做父本，数量不用太多，即可进行杂交。

二、三元杂交

三元杂交是从两品种杂交得到的杂种一代母牛中选留优良的个体，再与另一品种的公牛进行杂交，所生后代全部作为商品肉牛育肥。第一次杂交所用的公牛品种称为第一父本，第二次杂交利用的公牛称为第二父本或终端父本。由于这种杂交方式的母牛是一代杂种，具有一定的杂种优势，再杂交可望得到更高的杂种优势，所以三品种杂交的总杂种优势要超过两品种。

三、引入杂交

在保留地方品种主要优良特性的同时，针对地方品种的某种缺陷或待提高的生产性能，引入相应的外来优良品种，与当地品种杂交 1 次，杂交后代公母畜分别与本地品种母畜、公畜进行回交。

引入杂交的适用范围：一是在保留本地品种全部优良品种的基础上，改正某些缺点；二是需要加强或改善某个品种的生产力，而不需要改变其生产方向。

引入杂交的注意事项如下。

（1）慎重选择引入品种。引入品种应具有针对本地品种缺点的显著优点，且其他生产方向基本与本地品种相似。

（2）严格选择引入公畜，引入外血比例≤（1/8～1/4），最好经过后裔测定。

（3）加强原来品种的选育，杂交只是提高措施之一，本品种选育才是主体。

四、级进杂交

级进杂交也称吸收杂交或改造杂交。这种杂交方法是以引入品种为主、原有品种为辅的一种改良性杂交。当原有品种需要做较大改造或生产方向根本改变时使用，是以性能优越的品种改造性能较差的品种的常用方法。具体方法是以优良品种的公牛与低产品种的母牛交配，所产杂种一代母牛再与该优良品种公牛交配，产下的杂种二代母牛继续与该优良品种公牛交配。杂种后代公畜不参加育种，母畜反复与引入品种杂交，使引入品种基因成分不断增加，原有品种基因成分逐渐减少。按此法继续下去可以得到杂种三代以上的后代。当某代杂交牛表现最为理想时，便从该代起终止杂交，此后进行横交固定，最终育成新品种。级进杂交是提高本地牛品种生产力的一种最普遍、最有效的方法。当某一品种牛的生产性能不符合人们的生产、生活要求，需要彻底改变其生产性能时，需采用级进杂交。不少地方用级进杂交，已获得成功，如把役用牛改造成为乳用牛或肉用牛等。

级进杂交的注意事项如下。

（1）改良品种要求生产性能高、适应性强、遗传性稳定，毛色等质量性状尽量和被改良品种一致，以减少以后选种的麻烦。

（2）引入品种的选择，除了考虑生产性能高、能满足畜牧业发展需要外，还要特别注意其对当地气候、饲管条件的适应性。因为随着级进代数的提高，外来品种的基因成分不断增加，适应性问题会越来越突出。

（3）级进到几代好，没有固定模式。总的来说，要改正代数越高越好的想法，事实上，只要体型外貌、生产性能基本接近用于改造的品种就可以固定了。原有品种的基因成分应占有一定比例，这可有效保留原有品种适应性、抗病力、耐粗饲等优点。一般杂交到3～4代，即含外血75%～87.5%为好。

（4）级进杂交中，随着杂交代数增加，生产性能不断提高，要求饲养管理水平也要相应提高。

第三节　肉牛的选种选配

在繁殖牛场，肉牛的选种选配是非常重要的环节，不仅关系到所饲养肉牛的生产性能，也关系到下一代肉牛的性能，还关系到整个牛场的生产水平。

一、牛的选种

在选择活体种公牛时，犊牛阶段，采用系谱资料并结合犊牛本身生长发育情况选择；成年阶段，要通过系谱、体型外貌、以及后裔测定成绩等来综合考虑。引种必须有明确的目的，要充分考虑到引进的种公牛的优缺点是否适应本地区生态条件，是否能起到提高本地区牛群生产性能的作用。同时，引种必须严格检疫，不可引入病牛，尤其是传染病。

采取人工授精的肉牛场可以采用国家鉴定特级优秀种公牛冷冻精液，所生产杂交牛出生重，生长快，体躯大，出肉率或产奶率高，养牛者经济效益高，大大提高后代的生产性能。

二、牛的选配

有好的牛种，不能进行合理的选配，优秀的基因仍然不能保留和遗传下去。选种首先要制定明确的育种目标，根据目标进行牛群的选配。公牛的生产性能与体型外貌等级应高于与配母牛等级。因为公牛有改进整个牛群的作用，而且选留数量小、特级和一级公牛充分使用，三级控制使用。第二，注意品质选配，好的公母牛进行同质选配，差的母牛进行异质选配，避免相同缺陷组合。第三，还要控制近交，一般牛群近交系数不高于6.25%。

三、冻精系谱解读

无论是冻精、胚胎，还是活体种公牛，系谱是最重要的数据资料。其内容包括了本身、父母及第三代祖先的名字、注册号、生产性能、体型特征、估计育种值或预期传递力等信息，它既反映了牛只个体遗传素质的高低，也是防止近交、做好选种选配工作的重要参考信息。因此，要注意解读系谱中的各个术语和数据的含义。

第四章
肉牛的繁殖

第一节　发情鉴定

一、初次发情与初次配种

（一）初次发情与性成熟

初情期是指母牛初次发情或排卵的年龄。一般来说初次发情的早晚主要取决于体重，月龄的大小并不是决定的因素，营养状态好的牛性成熟也早，肉牛的初情期平均为 10 月龄左右。此时虽然有发情表现，但生殖器官仍在继续生长发育，虽有配种受胎能力，但由于身体的发育尚未成熟，因此不适宜配种。否则会影响到母牛的生长发育、使用年限以及胎儿的生长发育。初情期因品种、饲养条件及气候等条件不同而不同，如果营养过量的话 7～8 个月龄就会有发情表现，这种牛过于肥胖，并不适宜配种。初次发情的月龄以 10～12 月龄为宜，如果超过 12 月龄，则说明肉牛发育缓慢，应引起注意。

（二）初次配种

母牛在卵巢完全成熟、周期性排卵之前，会有 2～3 次不规则发情，在这之后才进入正常的周期性排卵。必须在牛的身体发育到体成熟以后才能配种，不能过早，但也不宜过迟。如果配种过早，妊娠后期胎儿的发育将消耗大量养分，在生长发育过程中初产、泌乳也将消耗大量养分，会导致母体的发育受到严重影响，造成母体瘦小，产能低下。如果配种过晚，虽然母牛充分发育成熟，但由于出生到初产时间延长，导致饲养成本增加，经济效益降低。因此，在牛性成熟后，体重达到成年牛体重的 70%左右、体高达 90%、胸围达 80%时，即可考虑配种。因品种、饲养条件和气候条件的不同，初配月龄也有所不同，以西门塔尔肉牛为例，育成母牛 16～17 月龄，体重达 420 千克开始配种。

二、发情周期与发情鉴定

（一）发情周期

发情周期指上一次发情开始到下一次发情开始的间隔时间。适宜配种的时间一般为发情后 12～20 小时内，一般配两次，每间隔 6～8 小时再配 1 次。

（二）发情鉴定

发情是育龄空怀母牛的生殖生理现象。发情鉴定是人们根据发情表现正确

掌握适时输精的方法。完整的发情应具备以下四方面的生理变化：卵巢上功能黄体已退化，卵泡已经成熟，继而排卵；外阴和生殖道变化，表现为阴唇充血肿胀，有黏液流出，俗称“挂线”或“吊线”，阴道黏膜潮红滑润，子宫颈口勃起开张红润；精神状态变化，食欲减退，兴奋或游走，正在泌乳的牛则奶量下降；出现性欲，接近公牛或爬跨其他母牛，有别的母牛对他爬跨时站立不动。有公牛爬跨时则有接纳姿势。母牛发情鉴定有外部观察、试情、阴道检查和直肠检查四种，可以根据单项，也可以根据多项进行综合的判断。在规模牧场，母牛均佩戴颈环或脚环，记录行走及反刍次数等相关数据，最终传至终端软件系统，繁育员一般依据这些数据的变化来判断母牛是否发情。

第二节 繁殖技术

一、人工授精

人工授精是用人工方法采取公牛精液，稀释后按一定剂量给母牛授精的方法。这种方法的优点是：可以扩大种牛的配种数，一头公牛在人工授精情况下一年可以配上万头母牛；在掌握母牛发情状况时，提高母牛受胎率；在改良本地小体形牛时，可克服外种公牛大体形不便交配的困难；节省饲养种公牛的费用。

（一）适时输精

一般情况下，母牛发情期只有 1～2 天，如发现上午发情，则下午配种；下午发情，则第二天早晨配种。老龄、体弱和夏季发情的母牛发情持续期相对缩短，配种时间要适当提前。也可用直肠检查法，掌握母牛卵泡发育情况，在卵泡成熟时输精受胎率最高。成年母牛产后应有 60 天的休整期，配种前要对母牛进行产科检查，对患有生殖疾病的牛只不予配种，应及时治疗。

（二）人工授精操作

输精前应进行精液品质检查，符合《牛冷冻精液》（GB 4143—2022）所列质量标准方可输精。细管冻精用 38 ±2 ℃的温水直接解冻。解冻后的精液应在 15 分钟内输精，要防止对精子的第二次冷打击。细管精液解冻后保存时间不超过 1 小时。采用直肠把握法输精。输精时机掌握在发情中、后期。一个发情期输精 1～ 2 次，每次用 1 个剂量精液。两次输精的时间间隔为 8～12 小时。输精时采用直肠把握法，要迫使母牛腰部下凹，将手伸入直肠，摸到并握住子宫颈时，再用左手将输精器引入阴门，输精器要适深、慢入、轻拉、缓出，采取深部输精法时，将输精管通过子宫颈，在达到子宫角基部时注射，防止精液倒流或吸回输精枪内。配种全过程要保证无污染操作。

二、自然交配

对于偏远山区或者放牧地区，在繁殖上一般采取自然交配方式。将一头或几头公牛放在母牛群里，在此期间公牛与母牛自由配种，以1头公牛配25～30头母牛的比例较为合适。自然交配的优点是节约了劳动力和人工成本，不易漏配；但缺点是公牛利用效率低，公牛过渡使用缩短其繁殖寿命，容易传播疾病；两头以上公牛在母牛群里时很难判断犊牛的血缘关系。因此，采取自然交配繁殖时，公牛一般使用2年就应淘汰，以避免近亲繁殖。

三、其他繁育技术

（一）同期发情

同期发情又称同步发情，它是利用某些激素制剂人为地控制并调整一群母畜发情周期的进程，使之在预定时间内集中发情，以便有计划、合理地组织配种。同期发情可以在某一时间内集中使用人工授精，不必进行繁琐的发情检查工作，能节约时间和劳力，降低费用，提高工效。同群母牛同期发情处理，使母牛妊娠分娩和幼畜培育的时间相对集中，便于商品肉牛的成批生产，能更加合理和有效地组织生产，提高劳动生产效率。在胚胎移植过程中，也需使用同期发情技术。同期发情技术的关键就是利用激素制剂有效地控制黄体的寿命，并终止黄体期，促使母牛的发情集中到同一时期，达到同期的目的。常用的药有孕激素、中草药、三合激素等。

（二）胚胎移植

胚胎移植就是将良种母牛的早期胚胎取出，移植到生殖生理状态相同的母牛体内，使胚胎在其体内继续发育到胎儿出生。提供胚胎的个体称为供体，接受胚胎的个体称为受体。胚胎移植实际上是生产胚胎的供体养育胚胎的受体分工合作共同繁殖后代的过程。

胚胎移植主要用于扩大良种牛群、诱导肉牛双胎、代替活牛运输、保存品种资源等。

第三节　妊娠与分娩

一、妊娠诊断

为了尽早地判断母牛的妊娠情况，应做好妊娠诊断工作，以做到防止母牛空怀、未孕牛及时配种和加强对受孕母牛的饲养管理。妊娠诊断的方法主要包括以下几种。

（一）外部观察法

母牛配种后，到下一个发情期不再发情，且食欲和饮水量增加，上膘快，被毛逐渐光亮、润泽，性情变得安静、温顺，行动迟缓，常躲避追逐和角斗，放牧或驱赶运动时，常落在牛群后面。怀孕 5～6 个月时，腹围增大，一侧腹壁突出；8 个月时，右侧腹壁可触摸到或看到胎动，乳房胀大。外部观察法在妊娠中后期观察比较准确，但不能在早期做出确切诊断。

（二）直肠检查法

直肠检查法是用手隔着直肠壁通过触摸检查卵巢、子宫以及胎儿和胎膜的变化来判断母牛是否妊娠以及妊娠期的长短。配种 18 天后，通过触摸卵巢黄体，经验丰富的配种员可对妊娠母牛进行初步筛查，但配种后 30 天开始检测较为准确可靠。

母牛妊娠 1 个月，两侧的子宫角不对称，角间沟清楚。孕角较空角稍大变粗、柔软，有液体波动感，弯曲度变小。孕侧卵巢较大，有黄体突出于表面。子宫中动脉如麦秆粗。

母牛妊娠 2 个月，孕角比空角粗约 2 倍。角间沟平坦。孕角薄软，波动明显。孕侧卵巢较大，有黄体，黄体质柔软、丰满，顶端能触感突起物。孕侧子宫中动脉增粗 1 倍。

母牛妊娠 3 个月，孕角大如婴儿头，波动感明显，空角比平时增粗 1 倍，子宫开始沉入腹腔，角间沟已摸不清楚。孕侧子宫中动脉增粗 2～3 倍，有时可摸到特异搏动。

母牛妊娠 4 个月，子宫和胎儿已全部进入腹腔，子宫颈变得较长且粗，抚摸子宫壁时能清楚地摸到许多硬实的、滑动的、通常呈椭圆形的子叶，孕角侧子宫动脉有较明显波动。

直肠检查法是早期妊娠诊断最常用、最可靠的方法，根据母牛怀孕后生殖器的变化，即可判断母牛是否妊娠，以及妊娠期的长短。用此法检查时，应把怀孕子宫与子宫疾病及充满尿液的膀胱区分开。但由于此法检查者检查动作对早期胚胎具有非常高的侵害性，与胚胎死亡之间有一定相关性。需要检查动作轻缓，熟练操作。

（三）超声波诊断

超声波诊断主要是用 B 超检查母牛的子宫及胎儿、胎动、胎心搏动等。同时，B 超还有识别双胞胎并确定胎儿生存能力、年龄和性别的功能。

B 超是把回声信号以光点明暗的形式显示出来，回声强，光点亮，回声弱，光点暗，光点构成图像的明暗规律，反映了子宫内胎儿组织各界面的反射强弱及声能衰减规律。当超声仪发射的超声波在母体内传播并穿透子宫、胚泡或胚囊、胎儿时，仪器屏幕会显示各层次的切面图像，以此判断奶牛是否妊娠。使用 B 超检查需要直肠检查法的操作基础。

与传统的直肠检查法相比，B超早期妊娠诊断法快捷、简便、准确率高，对早期妊娠诊断以实时图像显示，具有直观性，对子宫及其胎儿的应激小且无损伤，是目前使用较为广泛的妊娠检测仪器。但配种后21天左右，由于胎儿发育还不足以使B超捕捉到可信度高的信号强度，所以应在配种后25天后使用B超检测。此时利用B超辅助诊断对经验不足的孕检者来说非常有益。

（四）7%碘酒法

受精后30天，取10毫升母牛新鲜尿液，滴入2毫升7%碘酒，充分混合5～6分钟，在亮处观察试管中溶液的颜色，若呈现暗紫色则为妊娠，若不变色或稍带碘酒色则为未妊娠。

此方法的缺点是牛尿液取样不方便，试验现象需要靠肉眼观察，妊娠诊断率较低。

二、母牛分娩

分娩是指妊娠期满，母牛把成熟的胎儿胎衣及胎水排出体外的这个生理过程。

（一）孕牛预产期的推算

肉牛妊娠期一般为280天左右，误差5～7天为正常。肉牛生产上常按配种月份数减3，配种日期加6来算。若配种月份数小于3，则直接加9即可算出。

例一：配种日期为2009年5月10号，则预产期为：预产月份为5－3＝2；预产期为10＋6＝16，则该牛的预产期为2010年2月16日。

例二：配种日期为2009年2月28号，则预产期为：预产月份为2＋9＝11；预产日期为28＋6＝34，超过30天，应减去30，余数为4，预产月份应加1。则该牛的预产期为2009年12月4日。

（二）分娩预兆

分娩前约半个月，乳房迅速发育膨大，腺体充实，乳头膨胀，至分娩前1周变为极度膨胀，个别牛在临产前数小时至1天左右，有初乳滴出。阴唇从分娩前约1周开始逐渐柔软、肿胀、增大，阴唇皮肤上的皱褶展平，皮肤稍变红；阴道黏膜潮红，黏液由浓厚黏稠变为稀薄滑润。子宫颈在分娩前1～2天开始肿大松软，黏液塞软化，流入阴道而排出阴门之外，呈半透明索状；骨盆韧带从分娩前1～2周即开始软化，至产前12～36天，尾根两旁只能摸到松软组织，且荐骨两旁组织塌陷。母牛临产前活动困难，精神不安，时起时卧，尾高举，头向腹部回顾，频频排尿，食欲减少或停止。上述各种现象都是分娩即将来临的预兆。

（三）分娩过程。

1. 开口期

指从子宫开始阵缩到子宫颈口充分开张为止，一般需2～8小时（范围为0.5～24小时）。特征是只有阵缩而不出现努责。初产牛表现不安，时起时卧，徘徊运动，尾根抬起，常作排尿姿势，食欲减退；经产牛一般比较安静，有时看不出有什么明显表现。

2. 胎儿产出期

从子宫颈充分开张至产出胎儿为止，一般持续3～4小时（范围为0.5～6小时）。初产牛一般持续时间较长。特点是阵缩和努责同时作用。进入该期，母牛通常侧卧，四肢伸直，强烈努责，羊膜绒毛膜形成囊状突出阴门外，该囊破裂后，排出淡白或微黄色的浓稠羊水。胎儿产出后，尿囊才开始破裂，流出黄褐色尿水。牛场的畜牧兽医技术人员要及早做好接产、助产准备。

3. 胎衣排出期

此期特点是当胎儿产出后，母牛即安静下来，经子宫阵缩

（有时还配合轻度努责）而使胎衣排出。从胎儿产出后到胎衣完全排出为止，一般需 4～6 小时（范围 0.5～12 小时）。若超过 12 小时，胎衣仍未排出，即为胎衣不下，需及时采取处理措施。

（四）接产

接产目的在于对母畜和胎儿进行观察，并在必要时加以帮助，达到母仔安全。

1. 接产前的准备

（1）产房。产房应当清洁、干燥，光线充足，通风良好，无贼风，墙壁及地面应便于消毒。

（2）器械和药品的准备。在产房里，接产用药物（70%酒精、2%～5%碘酊、2%来苏儿、0.1%高锰酸钾溶液和催产药物等）应准备齐全。产房里最好还备有一套常用的已经消毒的手术助产器械（剪刀、纱布、绷带、细布、麻绳和产科用具），以备急用。另外，还应准备毛巾、肥皂和温水。

（3）接产人员。接产人员应当受过接产训练，熟悉牛的分娩规律，严格遵守接产的操作规程及值班制度。分娩期尤其要固定专人，并加强夜间值班制度。

2. 接产

为保证胎儿顺利产出及母仔安全，接产工作应在严格消毒的原则下进行。其步骤如下：

（1）清洗母牛的外阴部及其周围，并用消毒液（如 1%煤酚皂溶液）擦洗。用绷带缠好尾根，拉向一侧系于颈部。在产出期开始时，接产人员穿好工作服及胶围裙、胶鞋，并消毒手臂。

（2）当胎膜露出至胎水排出前时，可将手臂伸入产道，进行临产检查，以确定胎向、胎位及胎势是否正常，以便对胎儿的反常做出早期矫正，避免难产的发生。如果胎儿正常，正生时，应三件（唇及二前蹄）俱全，可等候其自然排出。除检查胎儿外，还可检查母牛骨盆有无变形，阴门、阴道及子宫颈的松软扩张程度，以判断有无因产道反常而发生难产的可能。

（3）当胎儿唇部或头部露出阴门外时，如果上面覆盖有羊膜，可把它撕破，并把胎儿鼻孔内的黏液擦净，以利呼吸。但也不要过早撕破，以免胎水过早流失。

（4）注意观察努责及产出过程是否正常。如果母牛努责，阵缩无力，或其他原因（产道狭窄、胎儿过大等）造成产仔滞缓，应迅速拉出胎儿，以免胎儿因氧气供应受阻，反射性吸入羊水，引起异物性肺炎或窒息。在拉胎儿时，可用产科绳缚住胎儿两前肢球节或两后肢系部（倒生）交于助手拉住，同时用手握住胎儿下颌（正生），随着母牛的努责，左右交替用力，顺着骨盆轴的方向慢慢拉出胎儿。在胎儿头部通过阴门时，要注意用手捂住阴唇，以防阴门上角或会阴撑破。在胎儿骨盆部通过阴门后，要放慢拉出速度，防止子宫脱出。

（5）胎儿产出后，应立即将其口鼻内的羊水擦干，并观察呼吸是否正常。身体上的羊水可让母牛舔干，这样一方面母牛可因吃入羊水（内含催产素）而使子宫收缩加强，利于胎衣排出，另外还可增强母子关系。

（6）胎儿产出后，如脐带还未断，应将脐带内的血液挤入犊牛体内，这对增进犊牛的健康有一定好处。断脐时，脐带断端不宜留得太长。断脐后，可将脐带断端在碘酒内浸泡片刻或在其外面涂以碘酒，并将少量碘酒倒入羊膜鞘内。如脐带有持续出血，需结扎。

（7）犊牛产出后不久即试图站立，但最初一般是站不起来的，应加以扶助，以防摔伤。

（8）对母牛和新生犊牛注射破伤风抗毒素，以防感染破伤风。

5. 难产的助产和预防

在难产的情况下助产时，必须遵守一定的操作原则，即助产时除挽救母牛和胎儿外，要注意保持母牛的繁殖力，防止产道的损伤和感染。为便于矫正和拉出胎儿，特别是当产道干燥时，应向产道内灌注大量滑润剂。为了便于矫正胎儿异常姿势，应尽量将胎儿推回子宫内，否则产道空间有限不易操作，要力求在母畜阵缩间歇期将胎儿推回子宫内。拉出胎儿时，应随母牛努责而用力。

第五章

肉牛常用饲料与配制

第一节　肉牛的常用饲料

肉牛的饲料种类很多，但任何一种饲料都存在营养上的特殊性和局限性，要饲养好肉牛必须多种饲料科学搭配。要合理利用各种饲料，首先要了解饲料的科学分类，熟悉各类饲料的营养价值和利用特性。

通常，牛的饲料分为粗饲料、青绿饲料、青贮饲料、能量饲料、蛋白质饲料、矿物质饲料和饲料添加剂七大类。

一、粗饲料

粗饲料是指饲料天然水分含量在45%以下、干物质中粗纤维含量大于或等于18%的一类饲料。粗饲料应是牛日粮的主体，精料只做高生产性能时的补充，科学合理地选用粗饲料可提高肉牛的养殖效益。该类饲料包括干草类、农副产品类（农作物的荚、蔓、藤、壳、秸、秧等)、树叶类、糟渣类。

（一）干草

干草是指青草（或青绿饲料作物）在未结籽实前刈割，然后经自然晒干或人工干燥调制而成的饲料产品。主要包括豆科干草、禾本科干草和野杂干草等，目前在规模化肉牛场生产中大量使用的干草除野杂干草外，主要是北方生产的羊草和苜蓿干草，前者属于禾本科，后者属于豆科。

1. 栽培牧草干草

在我国农区和牧区人工栽培牧草已达四五百万公顷。各地因气候、土壤等自然环境条件不同，主要栽培牧草有近50个种或品种。三北地区主要是苜蓿、草木樨、沙打旺、红豆草、羊草、老芒麦、披碱草等，长江流域主要是白三叶、黑麦草，华南亚热带地区主要是柱花草、山蚂蟥、大翼豆等。用这些栽培牧草所调制的干草，质量好，产量高，适口性强，是畜禽常年必需的主要饲料成分。

栽培牧草调制而成的干草，其营养价值主要取决于原料饲草的种类、刈割时间和调制方法等因素。一般而言，豆科干草的营养价值优于禾本科干草，特别是前者含有较丰富的蛋白质和钙。人工干燥的优质青干草，特别是豆科青干草的营养价值很高，与精饲料相近，其中可消化粗蛋白质含量可达13%以上，消化能可达3.0兆卡/千克。阳光下晒制的干草中含有丰富的维生素D2，是动物维生素D的重要来源，但其他维生素却因日晒而遭受较大的破坏。此外，干燥方法不同，干草养分的损失量差异也很大，如地面自然晒干的干草，营养物质损失较多，其中蛋白质损失高达37%；而人工干燥的优质干草，其维生素和蛋白质的损失则较少，蛋白质的损失仅为10%左右，且含有较丰富的β—胡萝卜素。

2. 野干草

野干草是在天然草地或路边、荒地采集并调制成的干草。由于原料草所处的生态环境、植被类型、牧草种类、收割与调制方法等不同，野干草质量差异很大。一般而言，野干草的质量比栽培牧草干草要差。东北及内蒙古东部生产的羊草，如在8月上中旬收割，干燥过程不被雨淋，其质量较好，粗蛋白含量达6%～8%。而在南方地区农户收集的野（杂）干草，常含有较多泥沙等，其营养价值与秸秆相似。野干草是广大牧区牧民们冬春必备的饲草，尤其是在北方地区。

（二）秸秆

秸秆饲料是指农作物在籽实成熟并收获后的残余副产品。秸秆饲料一般营养成分含量较低，质地坚硬粗糙，适口性较差，可消化性低。因此，秸秆饲料不宜单独饲喂，而应与优质干草配合饲用，或经过合理的加工调制，提高其适口性和营养价值。秸秆饲料主要包括玉米秸秆、小麦秸秆、水稻秸秆、大豆秸秆、花生蔓、甘薯蔓等。

1. 玉米秸秆

玉米是我国的主要粮食作物，平均每年种植面积约 5972 公顷。玉米秸秆作为玉米生产的副产品，其产量约 22400 万吨。产量高、资源丰富，是饲草加工发展的首选品种。作为一种饲料资源，玉米秸秆含有丰富的营养和可利用化学成分，可用作畜牧业饲料的原料。长期以来，玉米秸秆是牲畜的主要粗饲料的原料之一。

有关化验结果表明，玉米秸秆含有 30%以上碳水化合物、2%～4%蛋白质和 0.5%～1%脂肪，粗纤维 37.7%，无氮浸出物 48.0%，粗灰分 9.5%。既可青贮，也可直接饲喂。就食草动物而言，2 千克玉米秸秆增重净能相当于 1 千克玉米籽粒，特别是经青贮、黄贮、氨化及糖化等处理后，可提高利用率，效益将更可观。据研究分析，玉米秸秆中所含的消化能为 235.8 兆焦/千克，且营养丰富，总能量与牧草相当。对玉米秸秆进行精细加工处理，制作成高营养牲畜饲料，不仅有利于发展畜牧业，而且通过秸秆过腹还田，更具有良好的生态效益和经济效益。

采用机械工程、生物和化学等技术手段，完成从玉米秸秆的收获、饲料加工、储藏、运输、饲喂等过程。近年来，随着我国畜牧业的快速发展，秸秆饲料加工新技术也层出不穷。玉米秸秆除了作为饲料直接饲喂外，现在物理、化学、生物等方面的多种加工技术在实际中得以推广应用，实现了集中规模化加工，开拓了饲料利用新途径。

2. 小麦秸秆

小麦秸秆是一种重要的农业资源。小麦秸秆主要含纤维、木质素、淀粉、粗蛋白、酶等有机物，还含有氮、磷、钾等营养元素。秸秆除了作肥料，也可以作饲料，秸秆作饲料可以促进物质转化和良性循环。动物将人类不能利用的有机物转化成蛋白质、脂肪等，可以增加物质循环，改善人类食物结构，节约粮食。

小麦秸秆饲料的特点是长、粗、硬，虽然可以直接用作食草动物的饲料，但适口性较差，采食量少，且消化率不高。可用浸泡法、氨化法、碱化法、发酵法对小麦秸秆进行调制，不仅使小麦秸秆得到合理利用，实现过腹还田，而且增加了牛的饲料来源，降低养殖成本。

3. 水稻秸秆

水稻，禾本科，属须根系，是一年生禾本科植物，高约 1.2 米，叶长而扁，圆锥花序由许多小穗组成。稻草，水稻的茎，一般指脱粒后的稻秆。我国是世界上水稻的主产国，据统计，全国稻草产量为 1.88 亿吨。稻草资源非常丰富。

干稻草的营养价值比较低，稻草粗糙，适口性差，不利于牛采食，也不利于牛的消化和吸收。长期单纯饲喂稻草时，牛机体越来越消瘦，更因钙磷缺乏而导致钙磷不足，且维生素 D 缺乏而影响钙磷的吸收，从而引起成年牛（特别是孕牛和泌乳牛）的软骨症和犊牛佝偻病，产科病增多。在粗纤维消化过程中，又产生大量马尿酸，机体为了中和马尿酸而消耗大量钾、钠，引起钾、钠缺乏症；缺钾则会引起神经机能麻痹，全身疲惫，四肢乏力，不愿行走，步行时呈“黏着步样”跛行；缺钠则会引起消化液分泌减少，消化功能恶化，体质每况愈下，最后全身虚脱而卧地死亡。因此，不能长期单纯喂稻草，必须要与玉米、麦麸、米糠、块根茎类饲料（尤以含胡萝卜素较多的甘薯为优）、豆饼、青贮料、青绿饲料等配合饲喂。可以对稻草进行氨化、碱化处理或添加尿素等适当处理，把稻草变成适口性好、营养丰富、有利于消化吸收的优良饲料。

水稻应选择晴天收割，脱去谷粒后，平铺在干爽的稻田中晾晒，尽量摊薄些，每日翻动2～3次，在2～3天内晒干、捆起。储藏在干燥的地方，防止潮湿、雨淋，保持新鲜青绿色彩。若暴晒时间过长，由于阳光破坏和雨露浸润而流失，品质老化，其营养物质消耗和损失，若遇雨天，常引起发霉，而丧失饲喂价值。

4. 大豆秸秆

大豆秸秆饲料来源广、数量大，大豆秸秆含有纤维素，半纤维素及戊聚糖，借助瘤胃微生物的发酵作用，可被牛羊消化利用。可直接节省大量精饲料粮食，百斤秸秆可顶替3千克粮食。饲喂草食动物或作为配制全价饲料的基础日粮，对草食家畜的饲养和增重，提高圈养存栏率，提高饲料报酬和经济效益均有良好的作用。

国外西欧各国对大豆秸秆的利用情况比较好，大约有40%的大豆秸秆被用作牛、羊的配合饲料。据联合国粮农组织20世纪90年代的统计资料表明，美国约有27%，澳大利亚约有18%，新西兰约有21%的肉类是以大豆秸秆为主的秸秆饲料转化而来的。

我国的大豆秸秆资源多，有非常大的利用潜能。充分利用这一资源，发展节粮型畜牧业，是农业产业化的重要内容与发展方向。

大豆秸秆所蕴含的高蛋白是牲畜饲料的最佳选择，由于豆秸中粗纤维含量高，质地坚硬，需要进行加工调制后才能被牛充分利用。经过加工处理后的大豆秸，可增加适口性、提高消化率、提高营养价值。加工的方法有大豆秸氨化、大豆秸微贮和制作大豆秸颗粒饲料。

5. 花生蔓

花生蔓也叫花生秧。花生是我国北方地区的主要农作物，每年花生秧的产量约为2700万～3000万吨，花生秧营养丰富，特别含有大量粗蛋白、粗脂肪、各种矿物质及维生素，而且适口性好，质地松软，是畜禽的优质饲料。多年来，一直被用作牛、羊、兔等草食动物的粗饲料。用花生蔓喂畜禽是农村广辟饲料资源、减少投入、提高养殖效益、发展节粮型畜牧养殖业的重要途径。

花生蔓中的粗蛋白含量相当于豌豆秸的1.6倍，稻草的16倍，麦秸的23倍。可见花生蔓的能量、粗蛋白、钙含量较高，粗纤维含量适中，各种营养比较均衡。在众多作物秸秆中，花生蔓的综合营养价值仅次于苜蓿草粉，明显高于玉米秸、大豆秸。

6. 甘薯蔓

甘薯属一年生或多年生蔓生草本，又名山芋、红芋、番薯、红薯、白薯、地瓜、红苕等，因地区不同而有不同的名称。甘薯是一种高产而适应性强的粮食作物，与工农业生产和人民生活关系密切。块根除作主粮外，也是食品加工、淀粉和酒精制造工业的重要原料，根、茎、叶又是优良饲料。

甘薯蔓营养价值高，仅次于苜蓿干草。盛夏至初秋，是甘薯蔓旺长的季节。这期间的地瓜秧适口性好，容易消化，饲用价值高，是喂牛的好饲料。

甘薯蔓可以粉碎制成甘薯蔓粉、青贮、微贮和加工成颗粒饲料等。

(三) 秕壳、藤蔓类

1. 秕壳

秕壳是农作物种子脱粒或清理种子时的残余副产品，包括种子的外壳和颖片等，如砻糠（即稻谷壳）、麦壳，也包括二类糠麸，如统糠、清糠、三七糠和糠饼等。与其同种作物的秸秆相比，秕壳的蛋白质和矿物质含量较高，而粗纤维含量较低。禾谷类荚壳中，谷壳含蛋白质和无氮浸出物较多，粗纤维较低，营养价值仅次于豆荚。但秕壳的质地坚硬、粗糙，且含有较多泥沙，甚至有的秕壳还含有芒刺。因此，秕壳的适口性很差，大量饲喂很容易引起动物消化道功能障碍，应该严格限制喂量。

2. 荚壳

荚壳类饲料是指豆科作物种子的外皮、荚皮，主要有大豆荚皮、蚕豆荚皮、豌豆荚皮和绿豆荚皮等。与秕壳类饲料相比，此类饲料的粗蛋白质含量和营养价值相对较高，对牛羊的适口性也较好。

3. 藤蔓

主要包括甘薯藤、冬瓜藤、南瓜藤、西瓜藤、黄瓜藤等藤蔓类植物的茎叶。其中甘薯藤是常用的藤蔓饲料，具有相对较高的营养价值，可用作喂肉牛饲料。

（四）其他非常规粗饲料

其他非常规粗饲料主要包括风干树叶类、糟渣等。可作为饲料使用的树叶类主要有松针、桑叶、槐树叶等，其中桑叶和松针的营养价值较高。糟渣饲料主要包括啤酒糟、白酒糟、玉米淀粉渣等，此类饲料的营养价值相对较高，其中的纤维物质易于被瘤胃微生物消化，属于易降解纤维，因此它们是反刍动物的良好饲料，常用于饲喂牛。

二、青绿饲料

青绿饲料主要指天然水分含量高60%的青绿多汁饲料。青绿饲料具有含水量高、适口性好、维生素含量丰富、粗纤维含量较低、钙、磷比例适宜、容积大，消化能含量较低等特点。

青绿饲料以富含叶绿素而得名，种类繁多，有天然草地或人工栽培的牧草，如黑麦草、紫云英、紫花苜蓿、象草、羊草、大米草和沙打旺草等；叶菜类和藤蔓类，其中不少属于农副产品，如甜菜叶、白菜帮、萝卜缨、南瓜藤等；水生饲料，如绿萍、水浮莲、水葫芦、水花生等；野生饲料，如各类野生藤蔓、树叶、野草等；块根块茎类饲料，如胡萝卜、山芋、马铃薯、甜菜和南瓜等。不同种类的青绿饲料的营养特性差别很大，同一类青绿饲料在不同生长阶段，其营养价值也有很大不同。

（一）常见牧草

1. 黑麦草

黑麦草属禾本科，黑麦草属，一年生或多年生草本。黑麦草高约 0.3～1 米，叶坚韧、深绿色，小穗长在“之”字形花轴上。它是重要的栽培牧草和绿肥作物。本属约有 10 种，我国有 7 种，其中多年生黑麦草和多花黑麦草是具有经济价值的栽培牧草。现新西兰、澳大利亚、美国和英国广泛栽培，用作牛羊的饲草。

黑麦草粗蛋白 4.93%，粗脂肪 1.06%，无氮浸出物 4.57%，钙 0.075%，磷 0.07%。其中粗蛋白、粗脂肪比本地杂草含量高出 3 倍。在春、秋季生长繁茂，草质柔嫩多汁，适口性好，是牛的好饲料。供草期为 10 月至翌年 5 月，夏天不能生长。

2. 紫花苜蓿

紫花苜蓿，别名紫苜蓿、苜蓿、苜蓿花，是豆科蝶形花亚科苜蓿属，多年生草本植物，有“牧草之王”的称号，是当今世界种植面积最大，分布国家最广的优良栽培牧草。

紫花苜蓿具有产草量高，适口性强，茎叶柔嫩鲜美。不论青饲、青贮、调制青干草、加工草粉、用于配合饲料或混合饲料，各类畜禽都最喜食，是养肉牛首选青饲料；营养丰富，苜蓿干物质中粗蛋白质 18.6%，粗脂肪 2.4%，粗纤维 35.7%，无氮浸出物 34.4%，粗灰粉 8.9%。茎叶中含有丰富的蛋白质、矿物质、多种维生素及胡萝卜素，特别是叶片中含量更高。紫花苜蓿鲜嫩状态时，叶片质量占全株的 50%左右，叶片中粗蛋白质含量比茎秆高 1～1.5 倍，粗纤维含量比茎秆少一半以上。苜蓿干草喂畜禽可以替代部分粮食，据美国研究，按能量计算其替代率为 1.6∶1，即 1.6 千克苜蓿干草相当于 1 千克粮食的能量。苜蓿富含蛋白质，如按能量和蛋白质综合效能，苜蓿的代粮率可达 1.2∶1。

3. 紫云英

紫云英又称红花草、翘摇，豆科黄芪属，黄芪属一年生或越年生草本植物，是重要的绿肥、饲料兼用作物。分布于我国的长江地区，生长于海拔 400～3000 米的地区，多生长在溪边、山坡及潮湿处，农村家庭的农田里常有种植。

紫云英含有较多蛋白质、脂肪、胡萝卜素及维生素 C 等营养，且纤维素、半纤维素、木质素较低，是一种优良牧草。

4. 羊草

羊草又名碱草，禾本科赖草属植物。羊草为禾本科多年生草本植物，是广泛分布的禾草，它是欧亚大陆草原区东部草甸草原及干旱草原上的重要建群种之一。我国东北部松嫩平原及内蒙古东部为其分布中心，在河北、山西、河南、陕西、宁夏、甘肃、青海、新疆等地亦有分布。羊草最适宜于我国东北、华北诸地种植，在寒冷、干燥地区生长良好。春季返青早，秋季枯黄晚，能在较长时间内提供较多的青饲料。

羊草叶量多、营养丰富、适口性好，各类家畜一年四季均喜食，有“牲口的细粮”之美称。牧民形容说：“羊草有油性，用羊草喂牲口，就是不喂料也上膘。”花期前粗蛋白质含量一般占干物质的 11%以上，分蘖期高达 18.53%，且矿物质、胡萝卜素含量丰富。每千克干物质中含胡萝卜素 49.5～85.87 毫克。羊草调制成干草后，粗蛋白质含量仍能保持在10%左右，且气味芳香、适口性好、耐储藏。羊草产量高，增产潜力大，在良好的管理条件下，一般每公顷产干草3000～7500千克，产种子150～375千克。

5. 大米草

大米草又名食人草，禾本科米草属，多年生草本宿根植物，具根状茎。大米草原产于英国南海岸，是欧洲海岸米草和美洲米草的天然杂交种。在我国分布于辽宁、河北、天津、山东，江苏、上海、浙江、福建、广东、广西等的海滩上。

嫩叶和地下茎有甜味、草粉清香，马与骡、黄牛、水牛、山羊、绵羊、奶山羊、猪、兔皆喜食。根据7个月地上部分营养成分的分析能看出，粗蛋白含量在旺盛生长抽穗之前最高可达13%，盛花期下降到9%左右。胡萝卜素含量变化大体与粗蛋白含量变化一致。粗灰分和钙的含量在秋末冬初比春夏高1倍。18种氨基酸5个月含量分析结果以谷氨酸和亮氨酸最高，天冬氨酸、丙氨酸次之，组氨酸与色氨酸及精氨酸最低。十种必需氨基酸与国外有代表性禾本科牧草的平均含量相比，六种超过（苯丙氨酸、亮氨酸、异亮氨酸、蛋氨酸、苏氨酸、缬氨酸），四种不及（赖氨酸、色氨酸、组氨酸、精氨酸）。

6. 沙打旺

沙打旺又名直立黄芪、斜茎黄芪、麻豆秧等，豆科黄芪属短寿命多年生草本植物。可与粮食作物轮作或在林果行间及坡地上种植，是一种绿肥、饲草和水土保持兼用型草种。20世纪中期我国开始栽培。主要优良品种有辽宁早熟沙打旺、大名沙打旺和山西沙打旺等。野生种主要分布在俄罗斯西伯利亚和美洲北部，以及我国东北、西北、华北和西南地区。因此，沙打旺是干旱地区的一种好饲草，但其适口性和营养价值低于紫苜蓿。沙打旺的有机物质消化率和消化能也低于紫苜蓿。

沙打旺用于饲料，其茎叶中各种营养成分含量丰富，可放牧、青饲、青贮、调制干草、加工草粉和配合饲料等。有微毒，带苦味，适口性差，但其干草的适口性优于青草，可与其他牧草适量配合利用，能消除苦味，提高适口性。沙打旺利用年限长，产草量高，除用于青饲、调制干草外，与禾本科饲料作物混合青贮效果很好，其中沙打旺比例应在35%以内，否则因蛋白质含量过高，容易引起青贮料变质。凡是用沙打旺饲养的家畜，膘肥、体壮，未发现有异常现象，反刍家畜也未发生臌胀病。

尽管沙打旺株体内含有脂肪族硝基化合物，在家畜体内可代谢β—硝基丙酸和β—硝基丙醇的有毒物质，但反刍动物的瘤胃微生物可以将其有效分解，所以饲喂比较安全。

（二）多汁饲料

1. 根茎瓜类饲料

这类饲料具有总能高，粗纤维含量低，产量高、耐储藏的特点，其副产品蔓秧也可作饲料。可分为以下几种。

（1）胡萝卜。胡萝卜产量高，易栽培，耐储藏，营养丰富，是肉牛重要的青饲料。其营养价值很高，大部分营养物质是无氮浸出物，并含有蔗糖和果糖，故有甜味，蛋白质含量也较其他块根多。胡萝卜素含量尤为丰富。胡萝卜还含有大量钾盐、铁盐、磷盐。胡萝卜的适口性好，牛喜食，喂给足量胡萝卜对维持泌乳母牛的泌乳量及怀孕母牛保胎起到非常重要的作用。因熟喂会使胡萝卜素、维生素C、维生素E遭到破坏，所以胡萝卜应生喂。此外，胡萝卜叶青绿多汁，也是牛的良好饲料。

（2）菊芋。又名洋姜、鬼子姜、姜不辣。在我国南北各地广泛分布，块茎和茎叶都是良好的饲料。菊芋的营养价值较高，块茎中富含蛋白质、脂肪和碳水化合物，菊糖的含量在13%以上。其茎叶的饲用价值也高于马铃薯和向日葵。菊芋块茎脆嫩多汁，营养丰富，适口性好，适合作泌乳牛的多汁饲料。

（3）萝卜。南北各地均有栽培，其产量高，耐储藏，粗蛋白含量较高，是有价值的多汁饲料，可作为牛冬春的储备饲料。萝卜生、熟喂皆宜。由于略带辣味，适口性稍差，宜与其他饲料混喂。萝卜叶营养丰富，风干萝卜叶粗蛋白含量在20%以上，其中一半是纯蛋白质，因而是牛优良的青绿多汁饲料。

（4）南瓜。又名倭瓜，营养丰富，耐储藏，运输又方便。藤蔓也是良好的饲料，青饲、青贮皆宜。南瓜中无氮浸出物含量高，其中多为淀粉和糖类。南瓜中还含有很多胡萝卜素，适合喂各生长阶段的牛，尤其适合饲喂繁殖和泌乳牛。但早期收获的南瓜含水量较大，干物质少，适口性差，不耐储藏。茎叶类饲料收获后，一般采用在室内堆藏或窖藏，也可制成青贮。储藏前可稍加风干，除去表面水分，不同的种类应分开储藏。根茎、瓜果喂前应洗净泥土、切碎（1～2 厘米见方）后单独补饲或与精饲料拌和后饲喂，切忌用整块根茎饲料喂牛，以免造成食道阻塞。根茎类饲料的茎叶和藤蔓切碎后生喂，也可干制或青贮，不宜单喂。

2. 菜叶、蔓秧和饲用蔬菜

菜叶是指菜用瓜果、豆类的叶子。种类多，来源广，数量大。按干物质计算，其能量高，易消化，尤其是豆类叶子，能量和蛋白质均较高。蔓秧是作物的藤蔓和幼苗，一般含粗纤维较多，幼嫩时营养价值较高。饲用蔬菜如白菜、甘蓝等，既可食用，又可作饲料。另外，在蔬菜旺季，大量剩余蔬菜、次菜及菜帮均可作为青饲料喂牛。

应新鲜饲喂，如一时不能喂完，应妥善储存。防止一些硝酸盐含量较高的菜叶，如白菜、萝卜、甜菜等由于堆放发热而致硝酸盐还原为亚硝酸盐，从而发生亚硝酸盐中毒现象。已经还原变质的饲草不得喂牛，以防中毒。

（三）水生饲料

被称为“三水一萍”，“三水”即水浮莲、水葫芦、水花生，“一萍”即绿萍。水生饲料具有生长快、产量高、不占耕地、利用时间长的优点。水生饲料质地柔软，细嫩多汁，营养价值较高，但生喂易感染蛔虫、姜片虫、肝片吸虫等寄生虫病。又因水生饲料含水率高达90%～95%，相对干物质含量低，不宜单独生喂，宜与其他饲料混合饲喂并注意消毒。

1. 水浮莲

又名大叶莲、大浮萍、水白菜。水浮莲繁殖快，产量高，利用时间长。但因含水量高达95%以上，营养价值相对较低。水浮莲根、叶均很柔软，粗纤维含量少，但适口性较差。其营养价值因水质肥瘦而异，肥塘所产水浮莲蛋白质含量为1.35%，而瘦塘所产水浮莲蛋白质含量仅为0.89%。水浮莲柔嫩多汁，多鲜喂，也可拌和糠麸生喂。为避免感染寄生虫，最好熟喂，随煮随喂，不宜过夜，以防发生亚硝酸盐中毒。水浮莲也可制成青贮供冬、春利用。因含水量高，青贮时应晾晒2～3天，或加糠麸、干粗饲料混合青贮。

2. 水葫芦

又名凤眼莲、洋水仙、水仙花，为多年生草本植物。由于它生长快，产量高，适应性强，易于管理，利用时间长，现在我国已广泛分布。水葫芦可去掉一部分根后整株喂给，或切碎拌入糠麸生喂，也可切碎与糠麸拌和发酵后饲喂，还可制成青贮备用，制作青贮应先与糠麸类混合。

3. 水花生

又名水苋菜、喜旱莲子草、革命草。主要分布于江、浙一带，现北方也有种植。水花生生长快，产量高，品质好，养殖方便，是一种较好的水生青绿饲料。水花生茎叶柔软，含水量比其他水生饲料少，营养价值较高。鲜草干物质含量达 9.2%，是牛的好饲料，可整株生喂，也可发酵后投喂或制成青贮。江浙一带习惯将水花生留在塘内，冬后取出喂牛。水花生含水量较少，青贮较水浮莲、水葫芦容易，凋萎后单独青贮，可制成品质优良的青贮，也可晒成干草粉。

4. 绿萍

为淡水漂浮性水生植物。生长快，易养殖，营养价值较高，干物质含量 8.1%，粗蛋白为 1.5%，是牛的好饲料。可单独鲜喂，也可拌入糠麸混喂。用不完还可晒干长期储存，营养价值也高。

三、青贮饲料

青贮饲料是将含水率为 65%～75%的青绿饲料经切碎后，利用青贮袋、青贮池、青贮壕等设施，在密闭缺氧的条件下，通过厌氧乳酸菌的发酵作用，抑制各种杂菌的繁殖，而得到的一种粗饲料。青贮饲料气味酸香、柔软多汁、适口性好、营养丰富、利于长期保存，是家畜优良饲料的来源。

常见的青贮饲料有以下几种。

（一）玉米青贮

青贮玉米饲料是指专门用于青贮的玉米品种。在蜡熟期收割，茎、叶、果穗一起切碎调制的青贮饲料。这种青贮饲料营养价值高，每千克相当于 0.4 千克优质干草。

青贮玉米的特点如下。产量高。每公顷青物质产量一般为 5 万～6 万千克，个别高产地块可达 8 万～10 万千克。在青贮饲料作物中，青贮玉米产量一般高于其他作物（指北方地区）。

营养丰富。每千克青贮玉米中，含粗蛋白质 20 克，其中可消化蛋白质 12.04 克。维生素含量丰富，其中胡萝卜素 11 毫克，尼克酸 10.4 毫克，维生素 C 75.7 毫克，维生素 A 18.4 个国际单位。微量元素含量也很丰富，其中钙 7.8、铜 9.4、钴 11.7、锰 25.1、锌 110.4、铁 227.1 毫克/千克。

适口性强。青贮玉米含糖量高，制成的优质青贮饲料，有酸甜、青香味，且酸度适中，（pH 4.2）家畜习惯采食后都很喜食。尤其反刍家畜中的牛和羊。

调制玉米青贮饲料的技术要点如下。

适时收割。专用青贮玉米的适宜收割期在蜡熟期，即籽粒剖面呈蜂蜡状，没有乳浆汁液，籽粒尚未变硬。此时收割不仅茎叶水分充足（70%左右），而且单位面积土地上营养物质产量最高。

收割、运输、切碎、装贮等要连续作业。青贮玉米柔嫩多汁，收割后必须及时切碎、装贮，否则营养物质将损失。最理想的方法是采用青贮联合收割机，收割、切碎、运输、装贮等项作业连续进行。

采用砖、石、水泥结构的永久窖装贮。因青贮玉米水分充足，营养丰富，为防止汁液流失，必须用永久窖装贮，如果用土窖装贮时，窖的四周要用塑料薄膜铺垫，绝不能使青贮饲料与土壤接触，防止土壤吸收水分而造成霉变。

（二）玉米秸青贮饲料

玉米籽实成熟后，先将籽实收获，秸秆进行青贮的饲料，称为玉米秸青贮饲料。在华北、华中地区，玉米收获后，叶片仍保持绿色，茎叶水分含量较高，但在东北、内蒙古及西北地区，玉米多为晚熟型杂交种，多数是在降霜前后才能成熟。由于秋收与青贮同时进行，人力、运输力矛盾突出，青贮工作经常被推迟到 10 月中、下旬，此时秸秆干枯，若要调制青贮饲料，必须添加大量清水，而加水量又不易掌握，且难以和切碎秸秆拌匀，水分多时，易形成乙酸或酪酸发酵，而水分不足时，易形成好氧高温发酵而霉烂。所以调制玉米秸青贮饲料，要掌握以下关键技术。

选择成熟期适当的品种。其基本原则是籽实成熟而秸秆上又有一定数量绿叶（1/3～1/2），茎秆中水分较多。要求在当地降霜前7～10天籽实成熟。

晚熟玉米品种要适时收获。对晚熟玉米品种要求在籽实基本成熟，籽实不减产或少量减产的最佳时期收获，降霜前进行青贮，使秸秆中保留较多的营养物质和较好的青贮品质。

严格掌握加水量。玉米籽实成熟后，茎秆中的水分含量一般在50%～60%，茎下部叶片枯黄，必须添加适量清水，把含水率调整到70%左右。作业前测定原料的含水率，计算出应加水量。

（三）牧草青贮

牧草不仅可调制干草，而且可以制成青贮饲料。在长江流域及以南地区，北方地区的6～8月雨季，可以将一些多年生牧草，如苜蓿、草木樨、红豆草、沙打旺、红三叶、白三叶、冰草、无芒雀麦、老芒麦、披碱草等调制成青贮饲料。牧草青贮要注意以下技术环节。

正确掌握切碎长度。通常禾本科牧草及一些豆科牧草（苜蓿、三叶草等）茎秆柔软，切碎长度应为3～4厘米。沙打旺、红豆等茎秆较粗硬的牧草，切碎长度应为1～2厘米。

豆科牧草不宜单独青贮。豆科牧草蛋白质含量较高而糖分含量较低，满足不了乳酸菌对糖分的需要，单独青贮时容易腐烂变质。为了增加糖分含量，可采用与禾本科牧草或饲料作物混合青贮。如添加1/4～1/3水稗草、青割玉米、苏丹草、甜高粱等，当地若有制糖的副产物，如甜菜渣（鲜）、糖蜜、甘蔗上梢及叶片等，也可以混在豆科牧草中，进行混合青贮。

禾本科牧草与豆科牧草混合青贮。有些禾本科牧草水分含量偏低（如披碱草、老芒麦），而糖分含量稍高，而豆科牧草水分含量稍高（如苜蓿、三叶草），二者进行混合青贮，优劣可以互补，营养又能平衡。

（四）秧蔓、叶菜类青贮

这类青贮原料主要有甘薯秧、花生秧、瓜秧、甜菜叶、甘蓝叶、白菜等，其中花生秧、瓜秧含水量较低，其他几种含水量较高。制作青贮饲料时，需注意以下几项关键技术。

高水分原料经适当晾晒后青贮。甘薯秧及叶菜类的含水率一般在 80%～90%，在条件允许时收割后晾晒 2～3 天，以降低水分。

添加低水分原料，实施混合青贮。在雨季或南方多雨地区，高水分青贮原料可以和低水分青贮原料（如花生秧、瓜秧）或粉碎的干饲料实行混合青贮。制作时，务必混合均匀，掌握好含水率。

此类原料多数柔软蓬松，填装原料时应尽量踩踏，封窖时窖顶覆盖泥土，以 20～30 厘米厚度为宜，若覆土过厚，压力过大，青贮饲料则会下沉较多，原料中的汁液被挤出，造成营养损失。

四、能量饲料

能量饲料是指天然水分含量在 45%以下、每千克干物质中粗纤维含量在 18%以下、可消化能含量高于 10.46 兆焦/千克、蛋白质含量在 20%以下的饲料。能量饲料主要包括谷物籽实类饲料（如玉米、稻谷、大麦、小麦、高粱、燕麦等）、谷物籽实类加工副产品（如米糠、小麦麸等）、富含淀粉及糖类的根、茎、瓜类饲料等。谷实类、麸糠类是肉牛养殖最常用的能量饲料。

（一）玉米

玉米是最重要的能量饲料，是养牛精饲料中主要的能量饲料。

与其他谷物饲料相比，玉米粗蛋白水平低，但能量值最高。以干物质计，玉米中淀粉含量可达70%，粗纤维含量低，蛋白质含量为7.8%～9.4%，可消化能含量与小麦相近，每千克约14兆焦。但是玉米所含蛋白质的质量差，缺少赖氨酸、蛋氨酸、色氨酸等必需氨基酸，使用中应注意与饼粕、鱼粉或合成氨基酸搭配。玉米所含淀粉具有良好的过瘤胃特性，对动物的消化率高，适口性好。玉米蛋白质中50%～60%为过瘤胃蛋白质，可达小肠而被消化吸收。其余40%～45%蛋白质可在瘤胃被微生物所降解。钙含量0.02%，磷含量0.27%，与其他谷物饲料相似，玉米的钙少磷多。其他元素也不能满足家畜的营养需要，必须在配制日粮时给予补充。

用玉米喂牛时不宜粉碎太细，否则易引起瘤胃过酸。磨碎与压扁是最常用的提高玉米利用率的加工方法，压扁比磨碎的效果更好。有条件时可用热蒸汽软化压片，则消化利用更好。熟化玉米有利于提高其消化利用率，因此玉米经蒸汽处理后再压扁可能为最好的利用方式。北方冬季可将粗粉碎的玉米煮熟后喂牛，夏季直接喂即可。储存时含水量控制在14%以下，可防发霉变质。

（二）大麦

大麦是裸大麦和皮大麦的总称，又名元麦、青稞、米麦，大麦的粗蛋白含量高于玉米，为11%～13%，粗蛋白含量在谷类籽实中是比较高的，粗纤维含量略高，可消化能为每千克13～13.5兆焦，略低于玉米，大麦的蛋白质品质较好，其中赖氨酸含量高出玉米1倍，矿物质含量也比较高。在欧洲及北美多以大麦为主要精饲料，尤其是肉牛理想的能量饲料，用大麦肥育的牛，胴体脂肪洁白、硬实，成为优质肉的标志。大麦芽是严寒冬季家畜的维生素补充饲料，用于补饲犊牛、种畜和商品肉牛。

大麦的无氮浸出物含量也比较高（77.5%左右），但由于大麦籽实外面包裹一层质地坚硬的硬壳，种皮的粗纤维含量较高（整粒大麦为5.6%），为玉米的2倍左右，所以有效能值较低，一定程度上影响了大麦的营养价值。淀粉和糖类含量较玉米少。热能较低，代谢能仅为玉米的89%。大麦矿物质中钾和磷含量丰富，其中磷的63%为植酸磷。还含有镁、钙及少量铁、铜、锰、锌等。大麦富含B族维生素，包括维生素B1、维生素B2和泛酸。虽然烟酸含量也较高，但利用率只有10%。脂溶性维生素A、维生素D、维生素K含量较低，少量维生素E存在于大麦胚芽中。

大麦蛋白在瘤胃的降解率与其他小颗粒谷物类饲料相似，过瘤胃蛋白质占20%～30%，比玉米和高粱的过瘤胃蛋白质率低。

大麦中含有一定量抗营养因子，影响适口性和蛋白质消化率。大麦易被麦角菌感染致病，产生多种有毒的生物碱，如麦角胺、麦角胱氨酸等，轻者引起适口性下降，严重者发生中毒，表现为坏疽症、痉挛、繁殖障碍、咳嗽、呕吐等。各种加工处理，如蒸汽压扁、碾碎、颗粒化以及干扁压对饲喂效果都影响不大。

（三）高粱

高粱籽粒中蛋白质含量9%～11%，高粱籽粒中亮氨酸和缬氨酸的含量略高于玉米，而精氨酸的含量又略低于玉米。其他各种氨基酸的含量与玉米大致相等。

高粱和其他谷实类一样，不仅蛋白质含量低，而且所有必需氨基酸的含量都不能满足畜禽的营养需要。总磷含量中约有一半以上是植酸磷，同时还含有0.2%～0.5%单宁，两者都属于抗营养因子，前者阻碍矿物质、微量元素的吸收利用，而后者则影响蛋白质、氨基酸及能量的利用效率。

高粱的营养价值受品种影响大，其饲喂价值一般为玉米的90%～95%。高粱在肉牛日粮中使用量的多少，与单宁含量高低有关。含量高的用量不能超过10%，含量低的用量可达到70%。

高单宁高粱不宜在幼龄动物饲养中使用，以避免造成养分消化率的下降。

对于反刍动物来说，通过蒸汽压片、水浸、蒸煮和挤压膨化等方法，可以改善反刍动物对高粱的利用，提高利用率10%～15%。

去掉高粱中的单宁可采用水浸或煮沸处理、氢氧化钠处理、氨化处理等，也可通过在饲料中添加蛋氨酸或胆碱等含甲基的化合物来削弱其不利影响。使用高单宁高粱时，可通过添加蛋氨酸、赖氨酸、胆碱等，来克服单宁的不利影响。

（四）燕麦

燕麦分为皮燕麦和裸燕麦两种，是营养价值很高的饲料作物，可用作能量饲料、青干草和青贮饲料。

燕麦壳比例高，一般占籽实总重的24%～30%。因此，燕麦壳粗纤维含量高，可达11%或更高，去壳后粗纤维含量仅为2%。燕麦淀粉含量仅为玉米淀粉含量的1/3～1/2，在谷实类中最低，粗脂肪含量在3.75%～5.5%，能值较低。燕麦粗蛋白含量为11%～13%。燕麦籽实和干草中钾的含量比其他谷物或干草低。因为壳重较大，所以燕麦所含的钙比其他谷物略高，约占干物质的0.1%，而磷占0.33%。其他矿物质与一般麦类比较接近。

燕麦因壳厚、粗纤维含量高，适宜饲喂反刍动物。

（五）小麦

小麦是人类最重要的粮食作物之一，全世界1/3以上人口以它为主食。美国、中国、俄罗斯是小麦的主要产地，小麦在我国各地均有大面积种植，是主要粮食作物之一。

小麦籽粒中主要养分含量：粗脂肪1.7%，粗蛋白13.9%，粗纤维1.9%，无氮浸出物67.6%，钙0.17%，磷0.41%。总的消化养分和代谢能均与玉米相似。与其他谷物相比，粗蛋白含量高。在麦类中，春小麦的蛋白质水平最高，而冬小麦略低。小麦钙少磷多。

对反刍动物来说，可作为动物的精饲料，小麦的价格低于玉米，也将小麦替代玉米作为动物饲料，小麦淀粉消化速度快，消化率高，饲喂过量易引起瘤胃酸中毒。小麦的谷蛋白含量高，易造成瘤胃内容物黏结，降低瘤胃内容物的流动性。若使用全小麦，在日粮中添加相应的酶制剂，可消除谷蛋白的不利影响。

（六）小麦麸和次粉

小麦麸和次粉是小麦加工副产品。二者均是面粉厂用小麦加工面粉时得到的副产品。小麦麸俗称麸皮，成分可因小麦面粉的加工要求不同而不同，小麦麸和次粉数量大，是我国畜禽常用的饲料原料。

麦麸和次粉的粗蛋白含量高，为12.5%～17%，这一数值比整粒小麦含量还高，而且质量较好。与玉米和小麦籽粒相比，小麦麸和次粉的氨基酸组成较平衡，其中赖氨酸、色氨酸和苏氨酸含量均较高，特别是赖氨酸含量较高，为0.67%；粗纤维含量高，脂肪含量约4%左右，其中不饱和脂肪酸含量高，易氧化酸败；B族维生素及维生素E含量高，矿物质含量丰富，但钙（0.13%）和磷（1.18%）比例极不平衡，钙磷比为1∶8以上，磷多为植酸磷，约占75%，但含植酸酶，因此用这些饲料时要注意补钙；小麦麸的质地疏松，含有适量硫酸盐类，有轻泻作用，可防止便秘。

小麦麸容积大，纤维含量高，适口性好，是肉牛及羊等反刍家畜的优良饲料原料。母牛精料中使用10%～15%，可增加泌乳量，但用量太高反而失去效果。

（七）米糠

稻谷在加工成精米的过程中要去掉外壳与占总重10%左右的

种皮和胚，米糠就是由种皮和胚加工制成的，是稻谷加工的主要副产品。

米糠的营养价值受稻米精制加工程度的影响，精制程度越高，则米糠中混入的胚乳就越多，其营养价值也就越高。蛋白质含量高，为14%，比大米（粗蛋白为9.2%）高得多。氨基酸平衡情况较好，其中赖氨酸、色氨酸和苏氨酸含量高于玉米，但与动物需要相比，仍然偏低；粗纤维含量不高，故有效能值较高；脂肪含量12%以上，其中主要是不饱和脂肪酸，易氧化酸败；B族维生素及维生素E含量高，是核黄素的良好来源，在糠麸饲料中仅次于麦麸，且含有肌醇，但维生素A、维生素D、维生素C含量少；矿物质含量丰富，钙少（0.08%）磷多（1.6%），钙磷比例不平衡，磷主要是植酸磷，利用率不高。此外，米糠中锌、铁、锰、钾、镁、硅含量较高。米糠中脂肪酶活性较高，长期储存，易引起脂肪变质。

米糠用作反刍动物饲料并无不良反应，适口性好，能值高，在奶牛、肉牛精料中可用至20%。但喂量过多会影响牛乳和牛肉的品质，使体脂和乳脂变黄变软，尤其是酸败的米糠还会引起适口性降低和导致腹泻。

五、蛋白质饲料

蛋白质饲料是指饲料天然水分含量在45%以下、干物质中粗纤维低于18%、粗蛋白含量不低于20%的饲料。蛋白质饲料包括植物性蛋白质饲料、动物性蛋白质饲料、单细胞蛋白质饲料和非蛋白氮饲料。

（一）大豆饼（粕）

大豆饼和豆粕是我国最常用的一种植物性蛋白质饲料，营养价值很高，粗纤维素含量为10%～11%，大豆饼粕的粗蛋白含量在40%～45%，大豆粕的粗蛋白含量高于饼，去皮大豆粕粗蛋白含量可达50%，大豆饼粕的氨基酸组成较合理，尤其赖氨酸含量2.5%～3.0%，是所有饼粕类饲料中含量最高的，异亮氨酸、色氨酸含量都比较高，但蛋氨酸含量低，仅0.5%～0.7%。大豆饼粕中钙少磷多，但磷多属难以利用的植酸磷。维生素A、维生素D含量少，B族维生素除维生素B2、维生素B12外均较高。粗脂肪含量较低，尤其大豆粕的脂肪含量更低。大豆饼（粕）含有抗胰蛋白酶、尿素酶、血球凝集素、皂角苷、甲状腺肿诱发因子、抗凝固因子等有害物质。但这些物质大都不耐热，一般在饲用前，先经100～110℃加热处理3～5分钟，即可去除这些不良物质。注意加热时间不宜太长、温度不能过高也不能过低，加热不足破坏不了毒素，则蛋白质利用率低，加热过度可导致赖氨酸等必需氨基酸的变性反应，尤其是赖氨酸消化率降低，引起畜禽生产性能下降。

合格的大豆粕从颜色上可以辨别，大豆粕的色泽从浅棕色到亮黄色，如果色泽暗红，尝之有苦味，说明加热过度，氨基酸的可利用率会降低。如果色泽浅黄或呈黄绿色，尝之有豆腥味，说明加热不足。

（二）棉籽饼（粕）

棉籽饼（粕）是棉花籽实提取棉籽油后的副产品，粗纤维素含量为10%～11%，粗蛋白含量较高，一般为36.3%～47%，产量仅次于豆饼，是一种重要的蛋白质资源。棉籽饼因工作条件不同，其营养价值相差很大，主要影响因素是棉籽壳是否脱去及脱去程度。在油脂厂去掉的棉籽壳中，夹杂着部分棉仁，粗纤维达48%，木质素达32%，脱壳以前去掉的短绒含粗纤维90%，因而在用棉花籽实加工成的油饼中，是否含有棉籽壳，或者含棉籽壳多少，是决定它可利用能量水平和蛋白质含量的主要影响因素。

棉籽饼（粕）的蛋白质组成不太理想，精氨酸含量过高，达3.6%～3.8%，远高于豆粕，是菜籽饼（粕）的2倍，仅次于花生粕，而赖氨酸含量仅1.3%～1.5%，过低，只有大豆饼粕的一半。蛋氨酸也不足，约0.4%，同时，赖氨酸的利用率较差。故赖氨酸是棉籽饼粕的第一限制性氨基酸。饼粕中的有效能值主要取决于粗纤维含量，即饼粕的含壳量。维生素含量受热损失较多。矿物质中磷多，但多属植酸磷，利用率低。

棉籽饼（粕）中含有游离棉酚、环丙烯脂肪酸、单宁、植酸等抗营养因子，可对蛋白质、氨基酸和矿物质的有效利用产生严重的影响。因此，应采用热处理法、硫酸亚铁法、碱处理、微生物发酵等方法进行脱毒处理。使用棉籽饼（粕）时，需搭配优质粗饲料。

一般牛对棉酚的耐受性较强，但长期过量使用棉仁饼、粕，同样会造成牛中毒。因此，日粮中应限制其用量，成年母牛日粮不应超过混合料的20%，或日喂量不超过1.4～1.8千克。

（三）菜籽饼（粕）

菜籽饼（粕）是油菜籽经机械压榨或溶剂浸提制油后的残渣。菜籽饼（粕）具有产量高，能量、蛋白质、矿物质含量较高，价格便宜等优点。榨油后饼（粕）中的油脂减少，粗蛋白含量达到37%左右。粗纤维含量为10%～11%，在饼粕类中是粗纤维含量较高的一种，菜籽饼中氨基酸含量丰富且均衡，品质接近大豆饼水平。胡萝卜素和维生素D的含量不足，钙、磷含量高，所含磷的65%是利用率低的植酸磷，含硒量在常用植物性饲料中最高，是大豆饼的10倍，鱼粉的一半。

菜籽饼（粕）含毒素较高，主要起源于芥子苷或含硫苷（含量一般在6%以上）。各种芥子苷在不同条件下水解，生成异硫氰酸酯，严重影响适口性。硫氰酸酯加热转变成氰酸酯，它和吖恶唑烷硫酮还会导致甲状腺肿大，一般经去毒处理，才能保证饲料安全。去毒方法有多种，主要有加水加热到100～110℃的温度处理1小时；用冷水或温水40℃左右浸泡2～4天，每天换水1次。近年来，国内外都培育出各种低毒油菜籽品种，使用安全，值得大力推广。“双低”菜籽饼（粕）的营养价值较高。

用毒素成分含量高的菜籽制成的饼粕适口性差，也限制了菜籽饼（粕）的使用。因此，应限量使用，日喂量1～1.5千克，犊牛和怀孕母牛最好不喂。

（四）花生饼（粕）

花生饼（粕）是花生去壳后花生仁经榨（浸）油后的副产品。其营养价值仅次于豆饼（粕），即蛋白质和能量都较高，粗蛋白含量在38%～48%，粗纤维含量为4%～7%，花生饼的粗脂肪含量为4%～7%，而花生粕的粗脂肪含量为1.4%～7.2%，粗纤维5.9%～6.2%。菜籽饼（粕）中钙少磷多，钙含量为0.25%～0.27%、磷含量为0.53%～0.56%，但多以植酸磷的形式存在。

国内一般都去壳榨油。去壳花生饼含蛋白质、能量比较高。花生饼（粕）的饲用价值仅次于豆饼，蛋白质和能量都比较高。适口性也不错，花生粕赖氨酸含量为1.3%～2.0%，含量仅为大豆饼粕的一半左右，蛋氨酸含量为0.4%～0.5%，色氨酸含量为0.3%～0.5%，其利用率为84%～88%。含胡萝卜素和维生素D极少。花生饼（粕）本身虽无毒素，但因脂肪含量高，长时间储存易变质，而且容易感染黄曲霉，产生黄曲霉毒素，黄曲霉毒素毒力强，对热稳定，经过加热也去除不掉，食用能致癌。储藏时应保持低温干燥的条件，防止发霉。一旦发霉，坚决不能使用，以新鲜菜籽饼（粕）配制最好。

（五）菜籽饼（粕）

菜籽饼（粕）是油菜籽脱油的副产品，为优良的蛋白质饲料。

菜籽饼（粕）含粗蛋白35.7%～38.6%，氨基酸组成较平衡，蛋白质容易在瘤胃降解。菜籽饼的粗脂肪含量比菜籽粕高6%左右，但粗蛋白含量较菜籽粕低大约3%. 由于菜籽脱油时不能去皮，所以饼（粕）的粗纤维含量高，可达11.4%～11.8%。菜籽饼（粕）的钙、磷水平均较高，微量矿物元素中硒和锰的含量较高。

油菜籽实中含有硫葡萄糖苷类化合物，在芥子酶作用下可水解成异硫氰酸酯等有毒物质。菜籽饼（粕）还含有芥子碱、植酸和单宁等有害成分。因此，应限量使用，并且需要进行去毒处理。

（六）向日葵饼（粕）

向日葵饼（粕）是向日葵榨油后的副产品。脱壳的向日葵饼（粕）粗蛋白含量为29%～36.5%，消化能8.54～10.63兆焦/千克，氨基酸组成不平衡，与大豆饼（粕）、棉籽饼（粕）、花生饼（粕）相比，赖氨酸含量低，而蛋氨酸含量较高。向日葵饼（粕）中铜、铁、锰、锌含量都较高。

向日葵饼（粕）不仅含有难消化的木质素，还含有可抑制胰蛋白酶、淀粉酶、脂肪酶活性的有毒物质绿原酸。向日葵饼（粕）可作为反刍动物的优质蛋白质饲料，适口性好，饲用价值与豆粕相当。

（七）亚麻饼（粕）

亚麻饼（粕）是亚麻籽实脱油后的副产品。亚麻饼（粕）的粗蛋白含量较高，为35.7%～38.6%，但必需氨基酸含量较低，赖氨酸仅为大豆饼的1/3～1/2，蛋氨酸和色氨酸则与大豆饼相近。故使用时可与赖氨酸含量高的饲料搭配使用。粗纤维含量高于大豆饼（粕），总可消化养分比大豆饼（粕）低。亚麻饼（粕）中微量元素硒的含量高，为0.18%。

亚麻饼（粕）适口性好，可作为肉牛的蛋白质补充料，并可作为唯一蛋白质来源，也是很好的硒源。亚麻饼（粕）含有生氰糖苷，可分解生成氢氰酸，引起肉牛中毒。因此，饲喂前先用凉水浸泡，然后高温蒸煮1～2小时。

（八）芝麻饼（粕）

芝麻饼（粕）是芝麻脱油后的副产品。略带苦味，芝麻饼（粕）的粗蛋白含量39.2%，粗脂肪10.3%，粗纤维7.2%，无氮浸出物24.9%，钙2.24%，总磷1.19%，蛋氨酸含量0.82%，赖氨酸2.38%。蛋氨酸含量在各种饼（粕）类饲料中最高。因此，使用时可与大豆饼、菜籽饼搭配。芝麻饼（粕）是反刍动物良好的蛋白质饲料来源。

六、矿物质饲料

矿物质饲料在饲料分类系统中属第六大类。它包括人工合成的、天然单一的和多种混合的矿物质饲料，以及配合有载体或赋形剂的痕量、微量、常量元素补充料。在肉牛生产中常用的矿物质饲料有以下几类。

（一）食盐

食盐的主要成分是氯化钠，是最常用又经济的钠、氯补充物。植物性饲料大都含钠和氯较少，相反含钾丰富。为了保持生理上的平衡，对以植物性饲料为主的畜禽，应补饲食盐。食盐除了具有维持体液渗透压和酸碱平衡的作用外，还可刺激唾液分泌，提高饲料适口性，增强动物食欲，具有调味剂的作用。

草食家畜需要钠和氯较多，对食盐的耐受量较大，很少发生草食家畜食盐中毒的情况。食盐的供给量要根据家畜的种类、体重、生产能力、季节、和饲粮组成等来添加。一般食盐在风干饲粮中的用量：牛、羊、马等草食家畜为0.5%～1%，浓缩饲料中可添加1%～3%。饮水充足时不易中毒。在饮水受到限制或盐碱地区的水中含有食盐时，易导致食盐中毒，若水中含有较多食盐，饲料中可不添加食盐。

饲用食盐一般要求较细粒度。美国饲料制造者协会（AFMA）建议，应100%通过30目筛。食盐吸湿性强，易结块，可在其中添加流动性好的二氧化硅等防结块剂。

在缺碘地区，为了人类健康现已供给碘盐，在这些地区的家畜同样也缺碘，故给饲食盐时也应采用碘化食盐。如无出售，可以自配，在食盐中混入碘化钾，用量要使其中碘的含量达到0.007%为好。配制时，要注意使碘分布均匀，如配制不均，可引起碘中毒。再者碘易挥发，应注意密封保存。若是碘化钾则必须同时添加稳定剂，碘酸钾（KIO3）较稳定，可不加稳定剂。

补饲食盐时，除了直接拌在饲料中外，也可以以食盐为载体，制成微量元素添加剂预混料。在缺硒、铜、锌等地区，也可以分别制成含亚硒酸钠、硫酸铜、硫酸锌或氧化锌的食盐砖、食盐块供放牧家畜舔食，放牧地区放于牧场，但要注意动物食后要充分饮水。由于食盐吸湿性强，在相对湿度75%以上时开始潮解，作为载体的食盐必须保持含水量在0.5%以下，并妥善保管。

（二）含钙的矿物质饲料

常用的有石粉、贝壳粉、蛋壳粉等，其主要成分为碳酸钙，这类饲料来源广，价格低。石粉是最廉价的钙源，含钙38%左右。在母牛产犊后，为了防止钙不足，也可以添加乳酸钙。

（三）含磷的矿物质饲料

单纯含磷的矿物质饲料并不多，且因其价格昂贵，一般不单独使用。这类饲料有磷酸二氢钠、磷酸氢二钠、磷酸等。

（四）含钙、磷的饲料

常用的有骨粉、磷酸钙、磷酸氢钙等，它们既含钙，又含磷，消化利用率相对较高，且价格适中。故在家畜日粮中出现钙、磷同时不足的情况下，多以这类饲料补给。这类饲料来源广，价格低，但动物利用率不高。

（五）其他

在某些特殊情况下，氯化钾、硫酸钠等也是可能用到的矿物质饲料。其他微量矿物质饲料通常以预混料的形式补充。

七、饲料添加剂

为补充营养物质、提高生产性能、提高饲料利用率、改善饲料品质、促进生长繁殖、保障肉牛健康而掺入饲料中的少量或微量营养性或非营养性物质，称为饲料添加剂。

肉牛常用的饲料添加剂主要有维生素添加剂、微量元素（占体重0.01%以下的元素）添加剂、氨基酸添加剂、瘤胃缓冲剂、调控剂、酶制剂、活性菌（益生素）制剂、防霉剂、抗氧化剂和非蛋白氮等。

（一）维生素添加剂

维生素添加剂对牛的健康、生长、繁殖及泌乳等都起重要作用。如维生素A、维生素D、维生素E、烟酸等。农村粗饲料以秸秆为主的地区，维生素A含量普遍不足，这不仅影响了牛的正常繁殖，而且犊牛先天性双目失明者日渐增多，为此应补喂青绿多汁饲料或维生素A。补喂维生素A每100千克体重按7480国际单位或胡萝卜素不低于18～19毫克。

（二）微量元素（占体重0.01%以下的元素）添加剂

用微量元素添加剂平衡日粮，可明显提高肉牛的生产水平，如铁、铜、锌、锰、钴、硒、碘等。泌乳盛期母牛每天补喂碘化钾15毫克即可满足需要。日粮中加入5%海带粉，产奶量可提高1%左右，且可提高母牛的发情率和受胎率。

（三）氨基酸添加剂

氨基酸是构成蛋白质的基本单位。蛋白质营养的实质是氨基酸营养。氨基酸营养的核心是氨基酸之间的平衡。天然饲料的氨基酸平衡很差，几乎都不平衡，天然饲料的氨基酸含量差异很大，各不相同。由于不同种类、不同配比天然饲料配成的全价配合饲料，虽然尽量根据氨基酸平衡原则配料，但是它们的各种氨基酸含量和氨基酸之间的比例仍然是变化多端、各式各样的。因此，需要氨基酸添加剂来平衡或补足某种特定生产目的所要求的需要量。据试验，泌乳早期在母牛日粮中添加 20～30 克蛋氨酸羟基类似物可使乳脂率提高 10％，产奶量也有所提高。

(四) 瘤胃缓冲剂、调控剂

添加缓冲剂的目的是改善瘤胃内环境，有利于微生物的生长繁殖，如碳酸氢钠、脲酶抑制剂等。农村养肉牛，为追求高产普遍加大精料喂量，导致肉牛瘤胃内酸性过度，瘤胃内微生物活动受到抑制，并患有多种疾病。据试验，日粮中精饲料占 60％，粗饲料占 40％，添加 1.5％碳酸氢钠（小苏打）和 0.8％氧化镁混合喂母牛，每头日产奶量提高 3.8 千克。

(五) 酶制剂

酶是活体细胞产生的具有特殊催化能力的蛋白质，是一种生物催化剂，对饲料养分消化起重要作用，可促进蛋白质、脂肪、淀粉和纤维素的水解，提高饲料利用率，促进动物生长，如淀粉酶、蛋白酶、脂肪酶、纤维素分解酶等。

(六) 活性菌（益生素）制剂

活性菌具有维持肠道菌群平衡、抗感染和提高免疫力、防治腹泻、提高饲料转化率、促进生长、消除环境恶臭、改善环境卫生的作用。常用的有乳酸菌、曲霉菌、酵母制剂等。

(七) 饲料防霉剂

饲料防霉剂是指能降低饲料中微生物的数量、控制微生物的代谢和生长、抑制霉菌毒素的产生，预防饲料储存期营养成分的损失，防止饲料发霉变质并延长储存时间的饲料添加剂。

（八）抗氧化剂

高能饲料中的油脂或饲料中所含的脂溶性维生素、胡萝卜素及类胡萝卜素等在存放过程中，与空气中的氧接触，易发生严重的自发氧化酸败，被氧化的这些成分之间还会相互作用，进一步导致多种成分的自动氧化，破坏脂溶性维生素及叶黄素，产生有毒物质醛及酮等，产生蛤喇味、褪色、褐变，轻则导致饲料品质下降，适口性变差，引起动物采食量下降、腹泻、肝肿大等危害，影响动物生长发育，重则造成中毒，甚至死亡事故。抗氧化剂可延缓或防止饲料中物质的这种自动氧化作用，因此在饲料中添加抗氧化剂是必不可少的。常用的抗氧化剂有可减少苜蓿草粉胡萝卜素损失的乙氧喹（山道喹），油脂抗氧化剂二丁基羟基甲苯（BHT）和丁羟基茴香醚（BHA）。

（九）非蛋白氮

非蛋白氮（NPN）是指非蛋白质结构的含氮化合物，主要包括酰胺、氨基酸、铵盐、生物碱及配糖体等含氮化合物（氨化物）。非蛋白氮在反刍家畜饲养中的利用已有几十年的历史。利用较广泛的是尿素，其他如双缩脲、三缩脲等虽可溶性和分解比率比尿素低，毒性也比尿素弱，但价格比尿素高，故生产中应用不多。

（十）舔砖

舔砖是将牛羊所需的营养物质经科学配方加工成块状，供牛羊舔食的一种饲料，其形状不一，有的呈圆柱形，有的呈长方形、方形不等。也称块状复合添加剂，通常简称舔块或舔砖。理论与实践均表明，补饲舔砖能明显改善牛羊的健康状况，提高采食量和饲料利用率，加快生长速度，提高经济效益。20 世纪 80 年代以来，舔砖已广泛应用于60多个国家和地区，被农民亲切地称为“牛羊的巧克力”。

舔砖完全是根据反刍动物喜爱舔食的习性而设计生产的，并在其中添加了反刍动物日常所需的矿物质元素、维生素、非蛋白氮、可溶性糖等易缺乏养分，能够对人工饲养的牛、羊等经济动物补充日粮中各种微量元素的不足，从而预防反刍动物异食癖、母牛乳腺炎、蹄病、胎衣不下、山羊产后奶水少、羔羊体弱生长慢等现象发生。随着我国养殖业的发展，舔砖也成为大多数集约化养殖场中必备的高效添加剂，享有牛、羊“保健品”的美誉。

在我国，由于舔砖的生产处于初始阶段，技术落后，没有统一的标准。舔砖的种类很多，叫法各异，一般根据舔砖所含成分占其比例的多少来命名。舔砖以矿物质元素为主的叫复合矿物舔砖；以尿素为主的叫尿素营养舔砖；以糖蜜为主的叫糖蜜营养舔砖；以糖蜜和尿素为主的叫糖蜜尿素营养舔砖。在我国现有的营养舔砖中，大多含有尿素、糖蜜、矿物质元素等成分，一般叫复合营养舔砖。

舔盐砖的生产方法：配料、搅拌、压制成型、自然晾干后，包装为成品。配料由食盐、天然矿物质舔砖添加剂和水组成，天然矿物质舔盐砖含有钙、磷、钠和氯等常量元素以及铁、铜、锰、锌、硒等微量元素，能维持牛羊等反刍家畜机体的电解质平衡，防治家畜矿物质营养缺乏症，如异嗜癖、白肌病、高产牛产后瘫痪、幼畜佝偻病、营养性贫血等，提高采食量和饲料利用率，可吊挂或放置在牛羊等反刍家畜的食槽、水槽上方或牛羊等反刍家畜休息的地方，供其自由舔食。

第二节 肉牛饲料的加工

一、精饲料的加工方法

精饲料加工的主要目的是便于牛咀嚼和反刍，提高养分的利用率，同时为合理和均匀搭配饲料提供方便。

（一）粉碎与压扁

精饲料最常用的加工方法是粉碎，可以为合理和均匀地搭配饲料提供方便，但用于肉牛的日粮不宜过细。粗粉与细粉相比，粗粉可提高适口性，提高牛唾液分泌量，增加反刍，一般筛孔的孔径为3～6毫米。将谷物用蒸汽加热到120℃左右，再用压扁机压成厚度为1毫米的薄片，迅速干燥。由于压扁饲料中的淀粉经加热糊化，给牛饲喂时消化率明显提高。

（二）浸泡

豆类、油饼类、谷物等饲料相当坚硬，经浸泡后吸收水分，膨胀柔软，容易咀嚼，便于消化。浸泡方法：在池子或缸等容器中将饲料和水拌匀，一般料水比为1：（1～1.5），即手握饲料指缝渗出水滴为准，不需要任何温度条件。有些饲料中含有单宁、棉酚等有毒物质，并带有异味，经过浸泡后，毒素、异味均可减轻，从而提高适口性。

（三）肉牛饲料的过瘤胃保护

强度育肥的肉牛补充过瘤胃保护蛋白质、过瘤胃淀粉和脂肪能提高生产性能。

1. 热处理

通过加热可降低饲料蛋白质的降解率，但过度加热也会降低蛋白质的消化率，引起一些氨基酸、维生素的损失，所以应加热适度。一般认为，140℃左右烘焙4小时，或130～145℃火烤2分钟，或3420.5×103帕压力和121℃处理饲料45～60分钟较宜。有研究表明，加热以150℃、45分钟最好。膨化技术用于全脂大豆的处理，取得了理想效果。李建国等用YG－Q型多功能糊化机进行豆粕糊处理，使蛋白质瘤胃降解率显著下降，该方法简单易行。

2. **化学处理。**

（1）甲醛处理。甲醛可与蛋白质分子的氨基、羟基、硫氢基发生基化反应而使其变性，免于瘤胃微生物降解。处理方法：饼粕经孔径为2.5毫米的筛孔粉碎，然后按每100克粗蛋白质搭配0.6～0.7克甲醛溶液（36%），用水稀释20倍后，以喷雾的方式与饼粕混合均匀，将其用塑料薄膜封闭24小时后打开薄膜，自然风干。

（2）锌处理。锌盐可沉淀部分蛋白质，从而降低饲料蛋白质菌胃降解。处理方法：将硫酸锌溶解在水里，豆粕、水、硫酸锌的比例为1：2：0.03，拌匀后放置2～3小时，在50～60℃的条件下烘干。

（3）鞣酸处理。用1%的鞣酸均匀地喷洒在蛋白质饲料上，待混合后烘干。

（4）过瘤胃保护脂肪。许多研究表明，直接添加脂肪对反刍动物效果不好，脂肪在瘤胃中干扰微生物的活动，降低纤维消化率，影响生产性能的提高。所以，将添加的脂肪通过某种方法保护起来，形成过瘤胃保护脂肪。最常见的是脂肪酸钙产品。

二、秸秆饲料的加工方法

（一）粉碎、铡短处理

秸秆经粉碎、铡短处理后，体积变小，便于牛采食和咀嚼，增加与瘤胃微生物的接触面，可提高过瘤胃的速度，增加采食量。由于粉碎、铡短后的秸秆在瘤胃中停留时间缩短，养分来不及充分降解发酵，便进入了真胃和小肠。所以，消化率并不能得到改进。

将秸秆粉碎和铡短后，肉牛的采食量可增长20%～30%，消化吸收的总养分增加，不仅可减少秸秆的浪费，而且可提高日增重20%左右；尤其在低精饲料饲养条件下，饲喂肉牛的效果更有明显改进。实践证明，饲喂未铡短的秸秆，肉牛只能采食70%～80%，而铡碎的秸秆几乎可以全部利用。用于肉牛的秸秆饲料不提倡全部粉碎。一方面，粉碎会增加饲养成本；另一方面，粗饲粉过细不利于肉牛的咀嚼和反刍。粉碎多用于精饲料加工，在肉牛的日粮中适当混入一些秸秆粉，可以提高其采食量。铡短是秸秆处理中常用的方法，但过长、过细都不好。一般在肉牛生产中，依据肉牛的年龄情况，铡短后的秸秆以2～4厘米为好。

（二）热喷与膨化处理

热喷和膨化秸秆能提高秸秆的消化利用率，但成本较高。

1. 热喷

热喷是近年来采用的一项新技术，主要设备为压力罐，其工艺是将秸秆送入压力罐内，通入饱和蒸汽，在一定压力下维持一段时间，然后突然降压喷爆。由于受热效应和机械效应的作用，秸秆被撕成乱麻状，秸秆结构重新分布，从而对粗纤维有降解作用。经热喷处理的鲜玉米秸，粗纤维含量由30.5%下降到0.14%；经热喷处理的干玉米秸，粗纤维含量由33.4%下降到27.5%。另外，将尿素、磷酸铵等工业氮源添加到各种秸秆上进行热喷处理，可使麦秸的消化率达75.12%、玉米秸的消化率达88.02%、稻草的消化率达64.42%。每千克热喷秸秆的营养价值相当于0.6～0.7千克玉米的营养价值。

2. 膨化

膨化需要专门的膨化机，其工艺是将含有一定量水分的秸秆放入密闭的膨化设备中，经过高温（200～300℃）、高压（1.5 兆帕以上）处理一定时间（5～20 秒）后迅速降压，秸秆膨胀，因组织遭到破坏而变得松软。原来紧紧包在纤维素外的木质素全部被撕裂，而变得易于消化。

（三）揉搓处理

揉搓处理秸秆比铡短处理秸秆又进了一步。揉搓机正在逐步取代铡草机，如果能和秸秆的化学、生物处理相结合，效果会更好。

（四）制粒与压块处理

1. 制粒

制粒是为了便于肉牛机械化饲养和自动饲槽的应用。颗粒料质地硬脆、大小适中、便于咀嚼，可改善适口性，从而提高采食量和生产性能，减少了秸秆的浪费。在国外，秸秆经粉碎后制粒是很普遍的。在我国，随着秸秆饲料颗粒化成套设备相继问世，颗粒饲料已开始在肉牛生产中应用。肉牛的颗粒料以直径 6～8 毫米为宜。

2. 压块

秸秆压块能最大限度地保存秸秆的营养成分，减少养分流失。经压块处理后的秸秆密度提高、体积缩小，便于储存和运输，运输成本降低 70%；给饲方便，便于机械化操作。秸秆经高温高压挤压后，秸秆的纤维结构遭到破坏，粗纤维的消化率提高 25%。在制块的同时可以添加复合化学处理剂，如尿素、石灰、膨润土等，可使粗蛋白质含量提高到 8%～12%、秸秆消化率提高到 60%。

（五）秸秆碾青

秸秆碾青是将干秸秆铺在打谷场上，秸秆厚约0.33米，上面再铺厚约0.33米的青牧草，牧草上面铺相同厚度的秸秆，然后用磙碾压，流出的牧草汁被干秸秆吸收。这样，被压扁的牧草可在短时间内晒制成干草，并且茎叶干燥速度一致，叶片脱落损失减少，而秸秆的适口性和营养价值提高，可谓一举两得。

（六）氨化处理

秸秆中含氮量低，秸秆氨化处理时与氨相遇，其有机物就与氨发生氨解反应，破坏木质素－半纤维素－纤维素的复合结构，使纤维素与半纤维素被解放出来，被微生物及酶分解利用。氨是一种弱碱，氨化处理可使木质化纤维膨胀，增大空隙度，提高渗透性。氨化能使秸秆含氮量增加1～1.5倍，肉牛对秸秆的采食量和消化率有较大提高。

1. 材料选择

将清洁未霉变的麦秸、玉米秸、稻草等铡成长2～3厘米。市售通用液氨由氨瓶或氨罐装运。市售工业氨水应无毒、无杂质，含氨量为15%～17%，用密闭容器（如胶皮口袋、塑料桶、陶瓷罐等）装运。或将出售的含氨量为46%的农用尿素用塑料袋密封包装。

2. 处理方法

氨化处理方法有多种，其中，使用液氨的堆贮法适于大批量生产，使用氨水和尿素的窖贮法适于中、小规模生产，使用尿素的小垛法、缸贮法、袋贮法适合农户少量制作。近年还出现了加热氨化池氨化法、氨化炉等。

3. 氨化时间

密封时间应根据气温和感观来确定。根据气温确定氨化时间，并结合秸秆颜色的变化，待秸秆变为褐黄色即可。环境温度为30℃以上，需要7天；环境温度为15～30℃，需要7～28天；环境温度为5～15℃，需要28～56天；环境温度为5℃以下，需要56天以上。

4. 开封放氨

一般经过2～5天自然通风，可将氨味全部放掉。当氨化的秸秆呈煳香味时才能饲喂。如暂时不喂，可不必开封放氨。

5. 饲喂

开始喂时，应遵循由少到多、少给勤添的原则。先与谷草、青干草等搭配饲喂，1周后即可全部喂氨化秸秆。还要合理搭配精饲料（玉米、麦麸、糟渣、饼类）。

6. 氨化品质鉴定

好的氨化秸秆的颜色呈棕色或深黄色，发亮，气味煳香；若质地柔软疏松、发白，甚至发黑、发黏、结块，有腐臭味，开垛后温度继续升高，表明秸秆霉坏，不可饲喂。

（七）“三化”复合处理

秸秆“三化”复合处理技术发挥了氨化、碱化、盐化的综合作用，弥补了氨化成本过高、碱化不易久储、盐化效果欠佳等单一处理方式的缺陷。“三化”处理后，各类纤维含量都有不同程度的降低，干物质瘤胃降解率提高，肉牛日增重提高，处理成本降低。

此方法适合窖贮（土窖、水泥窖均可），也可用小垛法、塑料袋或水缸。将尿素、生石灰粉、食盐按比例放入水中，充分搅拌溶解，使之成为混浊液。

（八）秸秆微贮

秸秆微贮饲料就是在农作物秸秆中加入微生物高效活性菌种

——秸秆发酵活干菌，放入密封的容器（如水泥窖、土窖）中贮藏。经过一定时间的发酵，使农作物变成具有酸香味、肉牛喜食的饲料。

1. 窖的建造

微贮所用的窖和青贮窖相似，也可选用青贮窖。

2. 秸秆的准备

应选择无霉变的新鲜秸秆，将麦秸铡短为 25 厘米、玉米秸铡短为 1 厘米左右或粉碎（孔径为 2 厘米的筛片）。

3. 复活菌种并配制菌液

根据当天预计处理秸秆的重量，计算所需菌剂的数量并进行配制。

（1）菌种的复活。每袋秸秆发酵活干菌为 3 克，可处理麦秸、稻秸、玉米干秸秆或青料 2000 千克。在处理秸秆前，先将袋子剪开，将菌剂倒入 2 千克水中，充分溶解。然后在常温下放置 1～2 小时，使菌种复活，复活好的菌剂一定要当天用完。

（2）菌液的配制。将复活好的菌剂倒入充分溶解的 0.8%～1%的食盐水中拌匀。菌液加入盐水后要混合均匀，使其浓度一致，即可喷洒。

4. 装窖

如果使用土窖，应先在窖底和四周铺上一层塑料薄膜，在窖底铺放厚度为 20 厘米的秸秆，均匀喷洒菌液，待压实后再铺厚度为 20 厘米的秸秆，喷洒菌液后压实。若使用大型窖，要采用机械化作业，用拖拉机压实，用潜水泵喷洒菌液。潜水泵的扬程为 20～50 米，流量以每分钟 30～50 升为宜。在操作中要随时检查贮料的含水量是否合适，层与层之间不要出现夹层。检查方法：取秸秆，用力握攥，指缝间有水但不滴下，含水量为 60%～70%最为理想。否则为水分过高或过低。

5. 加入精饲料辅料

在微贮麦秸和稻草时，加入0.3%左右的玉米粉、麸皮或大麦粉，以利于发酵初期菌种生长，提高微贮秸秆的质量。加精饲料辅料时，应铺一层秸秆，撒一层精饲料辅料，再喷洒菌液。

6. 封窖

秸秆分层压实直到高出窖口100～150厘米，再充分压实后，在最上面一层均匀地撒上食盐，压实后盖上塑料薄膜。食盐的用量为每平方米250克，其目的是确保微贮饲料上部不发生霉烂变质。盖上塑料薄膜后，在上面撒上厚度为20～30厘米的稻草、麦秸，覆土20厘米以上，密封微贮窖。密封的目的是隔绝空气，保证微贮窖内呈厌氧状态。在窖边挖排水沟，防止雨水积聚。当窖内贮料下沉后，应随时加土，使之高出地面。

7. 秸秆微贮饲料的质量鉴定

可根据微贮饲料的外部特征，用看、嗅和手感的方法鉴定微贮饲料的好坏。一是看颜色。优质的微贮青玉米秸秆饲料的色泽呈橄榄绿色，稻、麦秸秆呈金黄褐色。如果变成褐色或墨绿色则质量较差。二是闻气味。优质的秸秆微贮饲料具有醇香和果香气味，并具有弱酸味。若有强酸味，表明醋酸较多，这是由水分过多和高温发酵造成的。若有腐臭味、发霉味，则不能饲喂。三是凭手感。优质的秸秆微贮饲料拿到手里是很松散的，质地柔软、湿润。若拿到手里发黏，或者粘在一起，说明质量不佳。有的虽然松散，但干燥且粗硬，也属于不好的饲料。

8. 秸秆微贮饲料的取用与饲喂

根据气温情况，秸秆微贮饲料一般需在窖内贮藏21～45天才能取喂。开窖时，应从窖的一端开始，先去掉上面覆盖的部分土层、草层，然后揭开塑料薄膜，从上到下垂直逐段取用。每次取出的量应以白天喂完为宜，坚持每天取料，每层所取的料不应少于15厘米。每次取完后，要用塑料薄膜将窖口密封，尽量避免与空气接触，以防止二次发酵和变质。

第三节 肉牛饲料的配制

一、配合饲料的配制

（一）配合饲料的概念

配合饲料是指根据肉牛的不同生长阶段，不同生理要求，不同生产用途的营养需要，以饲料营养价值评定的实验和研究为基础，按科学配方把不同来源的饲料依一定比例均匀混合，并按规定的工艺流程生产的饲料。

肉牛主要以食用粗饲料为主，但粗饲料不能满足肉牛必需的全部营养需要，需要补饲精饲料和矿物质饲料，精饲料营养全面与否，直接影响到肉牛生长发育和育肥。因此，必须按照肉牛饲养标准科学配比，使配合饲料所含营养物质能够均衡。肉牛养殖日粮成本占整个饲养成本的60%以上，所以配合饲料是否合理直接关系到肉牛的健康、生产性能的发挥及肉牛养殖的经济效益。

（二）配合饲料的配制原则

配制配合饲料，要掌握以下基本原则：

1. 配合饲料中所含营养物质必须达到肉牛各阶段的营养需要。由于各种饲料原料来源丰富，最好就地取材，能够节约饲料成本。

2. 配合饲料要以粗饲料为主，精饲料只用于补充粗饲料所欠缺的能量和蛋白质，将日粮的营养浓度控制在合理水平。

3. 配合饲料的组成要尽可能多样化，使能量、蛋白质，矿物质，维生素等更全面，以提高日粮的适口性和互补性。

4. 要保证肉牛每顿吃饱并不剩料，提高日粮转化率，绝不能饲喂肉牛发霉变质饲料。

5. 微量（常量）元素、维生素添加剂一般不能自己配制，需在正规生产厂家购买，按照产品说明在保质期内使用，严禁使用“三无”产品。

6. 保证安全卫生，配合饲料所用原料和添加剂要符合国家标准，严禁添加国家禁止使用的添加剂、性激素、蛋白质同化激素类、精神药品类、抗生素滤渣和其它药物，国家允许使用的添加剂和药物要严格按照规定添加。

(三) 配合饲料的分类

配合饲料，按营养成分和用途分为混合饲料、预混和饲料、精料补充料，浓缩饲料和全价配合饲料。

1. 混合饲料

是将几种饲料原料经过简单加工混合制成的初级配合饲料，只考虑能量，蛋白质，钙磷等营养指标，在许多农区及农牧结合区的肉牛养殖散户经常自己配制混合饲料，粗饲料以玉米秸秆及稻草为主，能量饲料主要是玉米、高粱、大麦等原料，约占精饲料的 60%～70%。蛋白质饲料主要包括豆粕、棉粕、花生饼等，约占精饲料的 20%～25%。矿物质饲料包括骨粉、食盐、小苏打、微量（常量）元素、维生素添加剂，用于直接饲喂肉牛。优点是就地方便取材，饲料成本低但肉牛饲养育肥效果不理想。

2. 预混合饲料

是指由一种或多种添加剂原料与载体或稀释剂搅拌均匀的混合物，又称添加剂预混料或预混料。预混和饲料是浓缩饲料和全价饲料的重要组成成分，因其含有微量活性组分，在配合饲料饲用效果方面起决定因素，可视为配合饲料的核心。一般预混合饲料的添加比例为混合精饲料的1%或更高，以保证其微量成分在最终产品中的均匀分布，预混合饲料不能直接饲喂肉牛。

3. 精料补充料

是为肉牛等草食动物配制生产的专用饲料，它由能量饲料、蛋白质饲料、矿物质饲料及添加剂组成。肉牛在采食饲草及青贮饲料时往往蛋白质和能量吸收不足，满足不了肉牛生长的营养需要，给予适量的精料补充料可以补充粗饲料中的营养缺乏，全面满足肉牛的营养需要。因此，肉牛的精料补充料不单独构成，主要是用以补充采食饲草不足的那一部分营养。

4. 浓缩饲料

浓缩饲料主要是平衡以粗饲料为主喂牛时蛋白质缺乏的问题，主要由蛋白质饲料、矿物质饲料和添加剂预混饲料三部分原料组构成。通常以全价饲料中除去能量饲料的剩余部分，它一般占全价配合饲料的20%～40%，这种饲料也不能直接饲喂肉牛，要按说明书加入适当的能量饲料组成全价饲料才可喂牛。适合牧区和边远山区购买使用，以提高饲料报酬和经济效益。

5. 全价配合饲料

又称为完全配合饲料，全价配合饲料配配制要将粗饲料，如：秸秆、干草等按要求粉碎，按照日粮配方加入能量饲料、蛋白质饲料、矿物质饲料以及多种饲料添加剂，经过科学加工，混合均匀压制成颗粒饲料。这种饲料可以全面满足肉牛的营养需要，肉牛除饮水外不必另外添加任何其他营养性饲用物质就可以直接饲喂，优点是营养均衡，缺点是饲料成本较高。

肉牛养殖场户可以根据自身情况设定饲养目标，根据饲养规模以及周边饲料资源来选择适合自己的配合饲料制作方法。

二、全混合日粮的制作

（一）全混合日粮的概念

全混合日粮（total mixed ration，简称 TMR）是指根据肉牛不同生长发育阶段的营养需要和饲养方案，用特制的搅拌机将适当长度的粗饲料、精饲料、矿物质饲料、维生素和其它添加剂等成分，按照日粮配方要求进行充分混合，得到的一种精粗比例稳定、营养相对平衡的日粮。例如：将优质干草（苜蓿、羊草粉）15%～20%、青贮饲料 25%～35%、多汁饲料 20%、精饲料 30%～40%，通过 TMR 日粮搅拌机充分混合之后所得到的日粮就叫做 TMR 日粮。目前，该技术在规模奶牛场非常普及，规模化肉牛场也已经开始应用这项技术。

（二）全混合日粮的优点

全混合日粮可以使精粗饲料均匀混合、营养均衡、适口性好避免了肉牛挑食，提高了采食量和生产性能。维持肉牛瘤胃 pH 值稳定，防止瘤胃酸中毒，如果肉牛单独采食过多精料后，瘤胃内会产生大量的酸，同时有效纤维能刺激唾液的分泌，降低瘤胃酸度。采用 TMR 后就能保证肉牛均匀采食精粗饲料，有利于瘤胃健康。

（三）TMR 设备类型及容积选择

TMR 设备分为固定式和移动式，根据牛舍结构和道路选择设备作业形式。按搅拌轴类型分为卧式和立式，然后根据饲料原料特性选择卧式或立式。卧式适用于比重较大、较松散、含水率低的小批量物料的混合，长干草比例不超过 20%，若大量使用长干草时，需先破捆和预揉碎。立式以锥螺旋结构为主，适合含水较高、粘附性好的物料混合，对长干草适应性好，切碎能力强。

根据牧场规模选择 TMR 设备的箱体容积，选择时的考虑因素主要有牛场的建筑结构、喂料道的宽窄、牛舍高度和牛舍入口、根据牛群大小、架子牛体重、日粮种类、每天的饲喂次数以及 TMR 充满度等选择 TMR 设备的容积大小。

（四）全混合日粮的制作

1. 原料准备

注意原料品质和安全性，了解饲料原料来源及市场行情。青贮饲料要严格控制青贮原料的水分，原料含糖量要高于 3%，切碎长度以 2～4 厘米较为适宜；干草类粗饲料要粉碎，长度以 3～4 厘米为宜；糟渣类水分控制在 65%～ 80%；精料补充料可直接购入或自行加工。原料进场应进行验收，查验检测报告，定期抽样送检。肉牛养殖中禁止使用动物源性饲料，外购精料补充饲料、浓缩饲料、预混饲料和自配饲料时都应对营养成分、是否含有动物源性及其有毒有害物质进行检测。

2. 饲料原料的搅拌及添加

卧式搅拌车遵循先干后湿、先精后粗、先轻后重的原则，添加顺序为精料、干草、全棉籽、青贮、湿糟类；立式搅拌车将精料和干草添加顺序颠倒即可，添加过程中要防止操作环境中的杂质混入搅拌车。

3. 搅拌方式及时间

按照原料添加顺序边加料边搅拌，不同原料的适宜搅拌时间不同，原则上应确保搅拌后 TMR 中至少 20%的粗饲料长度大于 3.5 厘米，最后一种饲料加入后再搅拌 5 分钟，整个工作总用时约 25 分钟～40 分钟，避免过度搅拌。

按照原料含水量、饲喂季节和投喂次数调整水分。冬季水分要求在 45%左右，夏季可在 45%～ 55%，含水量不足时可加水调整。

（五）TMR 配方设计原则

根据肉牛营养需要，同时应考虑环境温度、饲料品质和加工方法等因素的影响，设计符合实际情况的 TMR 配方。并按照不同牛群的营养需要和饲料原料的营养价值，设计 TMR 配方。

1. 适口性和饱腹感

肉牛日粮配制时必须考虑饲料原料的适口性，确保肉牛的采食量。同时，要兼顾肉牛是否能够有饱腹感。满足肉牛最大干物质采食量的需要。

2. 营养需求

肉牛全混合日粮的配制要符合肉牛饲养标准（NY/T 815—2004），喂量可高出饲养标准 1%～2%。

3. 精粗比例

肉牛日粮精粗饲料比例根据粗饲料的品质和肉牛生理阶段以及育肥期不同而有所区别。应确保中性洗涤纤维（NDF）占日粮干物质的 28%，其中粗饲料 NDF 占日粮干物质的 20% 以上，ADF 占日粮的 18% 以上。

（六）TMR 质量评价

1. 外观评价法

精粗饲料混合均匀，应保持新鲜，质地柔软不结块，不发热、无异味、无杂物，水分最佳含量范围为 35%～45%，过低或过高都会影响肉牛的干物质采食量。检查日粮含水量，可以将饲料放在手心里抓紧后再松开，日粮松散不分离、不结块，没有水滴渗出，表明水分适宜。另外，要注意每天剩料不超过 3%。

2. 宾州筛过滤法

宾州筛由三个叠加式的筛子和底盘组成，用来检查搅拌设备运转是否正常，搅拌时间、上料顺序等操作是否科学等。各层应保持比例，与日粮组分、精饲料种类、加工方法、饲养管理条件等有关。

（七）投喂方法

1. TMR 搅拌车

TMR 设备具有自动抓取、称量、粉碎、搅拌的功能，先用 TMR 搅拌车将各种原料混合好，根据不同规模肉牛场的牛舍建筑结构、成本考虑，再用牵引车或农用车转运至牛舍饲喂，但应尽量减少转运次数。

2. TMR 撒料车

使用牵引式或自走式 TMR 撒料车投喂，使用全混合日粮车投料，车速要限制在 20 千米/时，控制放料速度，保证整个饲草饲料投放均匀，对于过道较窄的老式牛舍，撒料车不能直接进入，建议选择固定式的。

3. 饲喂时间

应确保饲料新鲜，一般每日投料两次，可按照日饲喂量 5∶5 分早晚进行投喂，也可按照早晚 6∶4 的比例投喂。夏季高温、潮湿天气可增加 1 次，冬季可减少 1 次。增加饲喂次数不能增加干物质采食量，但可提高饲料利用效率，所以在两次投料间隔期间要翻料 2～3 次。

4. 饲料与管理

原料保证优质、营养丰富；混合好的饲料应保持新鲜，发热发霉的剩料应及时清出并给予补饲；肉牛采食完饲料后，应及时将食槽清理干净并给予充足、清洁的饮水。

第四节 肉牛常用优质牧草种植技术

牧草的人工种植是解决优质饲草短缺的有效途径。优质牧草营养物质含量丰富，单位面积上产草量高，因此，有必要进行人工牧草的种植，以解决肉牛生产中优质牧草短缺的问题。适宜种植的牧草有紫花苜蓿、红豆草、红三叶、沙打旺、无芒雀麦等。

一、紫花苜蓿

（一）选地

应选择平坦地和缓坡地，以排水良好，水分充足，土质肥沃的油砂土或土层深厚的黑土地最为适宜，内涝的低温地、多石的砂砾地等都不适宜，种植在贫瘠的黄土地、白浆土地、砂壤土地和岗坡地上，可起到明显改土肥田的作用。

（二）整地和施肥

紫花苜蓿种子细小，整地要求秋翻、秋耙、秋施肥，以便接受较多的秋冬降水，促进春季苗的生长。翻地深度在 25 厘米以上。紫花苜蓿以施基肥为主，适当搭配化学肥料，各种厩肥、堆肥、灰土粪肥等都可施用。每公顷有机肥施肥量为 3000～4500 千克，为促进紫花苜蓿初期旺盛生育，获得高产，可每公顷增施过磷酸钙 2500～3000 千克，硫酸钾 150 千克与有机肥混拌后，翻地前施入。

（三）品种选择

苜蓿的秋眠级和其生产能力间存在对应关系，即秋眠级越低的品种，因其春季返青较晚，收割之后再生速度也比较慢，产量水平也相对较低。因此，在选择品种时应坚持因地制宜的原则。

(四) 播种期

紫花苜蓿可春播，也可夏播。由于种子发芽温度较低，幼苗有一定的抗旱力，所以春播要早。北方地区，地温稳定在0℃左右，3月中、下旬就可以播种，夏播一般在6月下旬到7月上旬，除草后再播种最为有利。延迟播种幼苗细小，扎根不良，越冬芽不健全，不能安全越冬，一般在播种后能有80～90天的生长期为好。

(五) 播种量

播种量为19.5～22.5千克/公顷。北方春旱地区，草荒严重的地块，可增加到30千克/公顷。云南一般在6～7月播种，单播播种量为1～1.5千克/亩。可与温带禾本科牧草混播，混播用种量为0.3～0.6千克/亩。在无野生苜蓿生长的地区，播种前最好接种根瘤菌。

(六) 播种方法

紫花苜蓿常用播种方法有条播、撒播和穴播三种。可据具体情况选用。条播行距30厘米，撒播时要先浅耕后撒种，再耙耱。

(七) 施肥

紫花苜蓿根部生有根瘤，能够固定提供自身需求的氮素营养，在一般地力条件下不必施用氮肥，但由于连茬收割，大量的磷钾元素被植株茎叶带走，夏季收割后，每年结合行间中耕培土，每公顷追施磷酸二氢钾450千克或磷酸二铵300千克，硫酸钾150千克，提质增产效果相当明显。

(八) 病虫害防治

夏季是病虫害的高发期，危害紫花苜蓿的主要病虫害有霜霉病、锈病、褐斑病、苜蓿蚜、蓟马等，近年来，发现土蝗也有偏重发生。用25%粉锈宁可湿性粉剂1000～1500倍液防治锈病、霜霉病；用10%吡虫啉可湿性粉剂1500～2000倍液防治苜蓿蚜，蓟马；用2%阿维虫清乳油2000～2500倍液防治土蝗、小地老虎，都能取得理想防治效果。化学防治时要慎重选择化学药剂，严禁使用剧毒、高残留农药，依据收割时间，确定合理的施用安全期，防止环境污染和植株间有害残留物超标引起牲畜中毒。

(九) 刈割与利用

为确保幼苗根系的良好发育，第一次刈割应在植株20厘米以上时结合清除杂草一起进行。此后刈割以在现蕾末期（或蕾期至初花期）或植株60厘米以上时进行为佳。一般每次刈割留茬高度以3～5厘米为宜。紫花苜蓿再生能力较强，每年可收割2～5次，多数地区以每年收割3次为宜。一般每亩产干草600～800千克，高者可达1000千克。通常4～5千克鲜草晒制1千克干草。

二、红豆草

多年生牧草，寿命4～7年，根系强大，抗旱性较强，是干旱及半干旱地区最主要的豆科牧草。

(一) 种植时间

红豆草在干旱、半干旱区，在春季土壤解冻后及时抢墒播种，如土壤墒情过差时，也可在初夏雨后播种，播种后一定要镇压接墒，以利出苗。在湿润、半湿润区，春、夏、秋三季都可播种，秋播的不应迟于8月中旬，否则幼苗越冬不好。

(二) 播种量

红豆草的播种量5～6千克/亩。用量和种植环境有关，比较贫瘠、墒情较差的地段用量可酌情减少。

(三) 播种方法

播种之前要先整地，翻耕后须及时耙地和压地，粉碎土块，平整土地。翻耕前施有机肥1000～2000千克/亩和过磷酸钙100～150千克/亩作基肥。在酸性土壤上应增施石灰。土壤瘠薄时，播前还可施尿素5～10千克/亩、磷酸二铵5～6千克/亩。

红豆草种子较硬，带有荚壳，播种之前需要提前用清水浸泡一夜。播种方法一般采用的是条播的方法，种子一般带荚播种，荚壳去除后反而破坏了植物本身的自我保护。播种时注意控制好行距，湿润和灌溉区行距在20～30公分，干旱地区在30～40公分。播种深度为黏土和湿润土壤在2～3厘米，中、轻壤土和干旱地区为3～4厘米，最深不能超过5厘米，播种之后覆土2～3厘米，进行镇压，有利于出苗。红豆草在出芽时胚根从豆荚壳的一个大网眼中穿出，一般种植的7～10天可以出苗。

（四）除草

红豆草种子大，出苗破土能力强，但仍需注意出苗时的土壤板结问题。播后下大雨土壤板结，须适时耙地，灌溉地出苗前不要浇水，否则会影响出苗。播种当年，初期生长缓慢，易受杂草为害，应及时除草。在植株已形成莲座叶簇时，要中耕除草。灌溉地区，应结合浇水进行施肥，以促进草层的生长发育。返青前和每次刈割后，也可以进行中耕除草。

（五）追肥

红豆草的生长期、返青期、每次刈割前10天左右和入冬前各灌水一次。可追施尿素5～7千克/亩、磷酸二胺7～10千克/亩。北方土壤中大多富含钾比较多，可满足红豆草生长需要，一般很少施用钾肥。

（六）浇水

红豆草虽然抗旱，但对水分反应很敏感，生长第二年的红豆草，生长期灌水一次时，灌溉对提高种子产量和越冬率均有明显效果。在年降水量350毫米以下地区，有条件者最好进行灌溉。

（七）病虫防治

红豆草在生长期间容易感染锈病、白粉病和菌核病。生长后期发现病害应提前刈割。锈病防治可采用波尔多液、硫磺粉、石硫合剂、代森锌、福美双、萎锈灵等，自发病初期起，每7～10天喷治一次。白粉病用胶体硫、多菌灵、甲基托布津、苯来特和十三吗啉等。菌核病可采取土表撒施五氯硝基苯预防。害虫有苜蓿叶象甲、青叶跳蝉等，可喷洒敌杀死、速灭杀丁等药物。刈割前 20 天内禁止用药。

（八）收获利用

青饲或青贮时在现蕾至盛花期刈割，调制干草在盛花期刈割。温暖地区年可刈割两茬，高寒地区年刈割一茬。再生草可放牧利用。初花期刈割干物质粗蛋白质含量可达 18%左右。初花期刈割可刈割三茬，但产草量不及盛花期，而且影响草地使用寿命。机械收获时留茬高度根据地面状况调至最低，人工收获可齐地面刈割。

三、红三叶

（一）整地

红三叶忌连作，不耐水淹。在同一块土地上最少要经过 4 年后才能再种。

（二）适时播种

在南方，红三叶播种时期一般选择秋季较好，如果是在海拔较高的地区，夏天播种最佳；在北方，可在早春土壤解冻后播种。

（三）合理密植

播种方法可以选择混播、单播和撒播等，深度以 2～3 厘米为主。红三叶条播时行距为 30 厘米左右，播种后要耱地镇压。单播时每公顷播种量为 10.5～15 千克，混播时每公顷播种量为 7.5～10.5 千克。播种后保持土壤湿度，3～5 天即可发芽。

（四）田间管理

红三叶幼苗生长缓慢，易被杂草危害，苗期要及时松土锄草，以利红三叶苗生长。出苗前如遇水造成土壤板结，要用钉齿耙或带齿圆形镇压器等及时破除板结层，以利出苗。在保护作物下播种的，要及时收割保护作物，减少抑制，保护作物刈割留茬高度为 15 厘米以上，以利冬季积雪，保护越冬。生长 2 年以上的草地，在早春返青前和每次刈割或放牧后要耙地松土，改善土壤通透性，深度为 2～3 厘米。红三叶在生长过程中，所需磷、钾、钙等元素较多，结合耙地每亩要追施过磷酸钙 20 千克，钾肥 15 千克或草木灰 30 千克。

（五）收获利用

红三叶可青饲、晒制干草和放牧利用。青饲时，在草层高度达 40～50 厘米，或现蕾至初花期即可刈割，此时茎叶比接近 1∶1，营养成分含量及消化率均较高。刈割留茬高度 6～8 厘米。晒制干草，应在开花早期进行刈割。

四、沙打旺

又称直立黄芪、麻豆秧和薄地黄，是多年生草本植物，高 1.2 米，叶长圆形。一般生长 4～5 年即衰老。

（一）种植技术

沙打旺种子小，种植时要翻耕土地并要平整、镇压，播种期可在春季，也可在雨季末。播种时一般采用条播，行距为 60～70 厘米。每亩播种量 0.5 千克左右，种子小，播种要浅，覆土 1 厘米左右，随后镇压。地面用拖拉机耕地、除杂草，播后再耙压一次，防止种子在地面不易出苗。

（二）收获利用

生长旺盛时期，每亩产鲜草 4000～5000 千克，刈割时留茬 4～6厘米。

五、无芒雀麦

无芒雀麦为禾本科雀麦属多年生草本植物，对气候适应性强，适宜冷凉、干燥的气候条件。营养价值高，叶量丰富，草质及适口性好。

（一）种植方法

播种方式为条播、撒播均可。无芒雀麦具有发达的地下茎，茎根蔓延容易结成严密的草皮，翻耕后不易清除干净，往往沦为后作的杂草。因此一般都把它放在饲料轮作中，如需要放到大田轮作中去，其利用年限不宜过长，以2～3年为宜。在轮作中无芒雀麦可与紫花苜蓿、红豆草、红三叶和草木樨等牧草混播，也可与其他禾本科牧草如猫尾草等混播，这样可以防止无芒雀麦造成的草皮絮结和早期衰退的不良现象。无芒雀麦播种时覆土深度：黏性土壤为2毫米，砂性土壤为3毫米，春季干旱多风的地区由于土壤水分蒸发得比较快，覆土深度可增至4毫米。机械播种后需要镇压1或2次。

（二）适时播种

无芒雀麦的播种期因地制宜，春播、夏播或早秋播均可，西北较寒冷地区多行春播，也可夏播，兰州地区在3月下旬到4月上旬播种。内蒙古春季干旱、风沙大、气温低、墒情差，春播出苗慢或易缺苗，以夏播为宜，通常是在7月中旬或下旬播种，东北地区宜夏播，以7月下旬至8月中旬为佳。在华北、华中等地区以7月中上旬播种为宜，或是在10月中旬播种生长最好。在保证一定生育期的前提下抢墒播种。北方春旱地区种植无芒雀麦，在土壤解冻层达预期深度即播种。如果土壤墒情不好，也可错过旱季，雨后播种。

（三）播种密度

一般条播，行距为15～30厘米，种子田可加宽行距到40厘米。播种量单播时每公顷为22.5～30千克，种子田可减少到15～22.5千克。如采用撒播，播量可增至40千克左右。紫花苜蓿与无芒雀麦混播较苜蓿与猫尾草或鸡脚草混播为优，无芒雀麦种后长成时间较猫尾草为迟，因而苜蓿得到充分发育机会。无芒雀麦需氮多，单播 3～4 年后生长渐衰，如与紫花苜蓿混播，则情况会改善。这是因为土壤中遗留有大量的氮素，无芒雀麦仍能保持几年的旺盛生长。如与紫花苜蓿混播，每公顷宜播无芒雀麦 15～22.5 千克，紫花苜蓿 7.5 千克。为充分利用地力增加收益，应当进行保护播种，保护作物以早熟矮秆品种为好。在保护播种情况下，要及时收割保护作物，以利于元芒雀麦的生长发育。

（四）科学施肥

无芒雀麦为喜肥牧草，以施基肥为主。每亩施半腐熟优质农家肥 4000～6000 千克，可维持肥效 3～5 年。追肥对无芒雀麦有良好的增产作用，无芒雀麦需氮很多，尤以单播时为甚，可在分蘖至拔节期亩施硫酸铵或尿素 15～20 千克、过磷酸钙 30～40 千克，追肥后随即浇水。以后可于每年冬季或早春再施厩肥，并于每次刈割后追施氮肥，每公顷施用氮肥 150～220 千克。如与豆科牧草混播，在酸性土壤上可施用石灰。

（五）除杂

无芒雀麦苗期生长较慢，易受杂草危害，要及时除草。通常要在分蘖至拔节期间，及时中耕除草 1 或 2 次，后期再拔 1 次高大杂草。

（六）更新复壮

无芒雀麦生长 3 年以后，由于根茎相互交错，结成草皮，致使土壤水分不足，通透不良，有机质分解慢，有碍于生长发育，导致产量骤减，必须及时更新复壮。在春季萌发前或第一次收获后，用深松犁或圆盘耙，切断根茎，破坏草皮，以促其旺盛生长。耙地复壮不仅能提高产草量和产籽量，还能延长草地利用年限。

（七）收获利用

可青饲，也可青贮或调制干草，还可以进行放牧。从生长第二年起，每年可刈割 2～3 次。

第六章
肉牛的饲养管理

第一节　犊牛的饲养管理

犊牛是指初生至断奶前这段时间的小牛。犊牛处于高强度的生长发育阶段，因此必须饲喂较高营养水平的日粮，并且饲养管理得当，才能使肉用犊牛的潜在发育性能得到充分表现。

一、初生犊牛的饲养管理

（一）初生犊牛的饲养

初乳是母牛分娩后第一天分泌的乳汁，其色深黄而黏稠，奶油状。初乳没有很高的营养价值，成分和常乳差别很大。初乳中含有大量的免疫球蛋白，具有抑制和杀死多种病原微生物的功能，使犊牛获得免疫力；初乳含有较多的镁盐，比常乳高 1 倍，有轻泻性，可促进胎粪的排出；初乳的酸度较高，使胃液变为酸性，能抑制有害细菌的繁殖。

犊牛出生后，应尽快让其吃到初乳。初乳的饲喂量占犊牛体重的 10%，一般 1 小时内一次性灌服 4L 优质的初乳，12 小时内再饲喂 2 升，直至 24 小时候开始饲喂其它母牛的牛乳或正规厂家生产的代乳品。肉用犊牛通常是随母牛自然哺乳。犊牛出生后，擦干或由母牛舔干犊牛身体，约在出生后 30 分钟帮助犊牛站起，引导犊牛接近母牛乳房，若有困难，需人工辅助哺乳。若实行人工挤乳，应及时及早挤乳喂给犊牛，不然就会影响其健康和发育。若母牛产后患病或死亡，可由同期分娩的其他健康母牛代哺初乳，即保姆牛法哺乳。在没有同期母牛初乳的情况下，也可饲喂常乳，但每千克常乳中需加 5～10 毫克青霉素或等效的其他抑菌素、2～3 枚鸡蛋、4 毫升鱼肝油配成人工初乳代替，还需另喂蓖麻油 50

～100 毫升，以代替初乳的轻泻作用。

（二）初生犊牛的管理

1. 初生护理

犊牛出生后 5～7 天称为初生期。犊牛出生后，首先用干净的毛巾拭去犊牛鼻孔和口腔中的黏液，确保新生犊牛的呼吸顺畅，若发现新生犊牛不呼吸，可用一根干净稻草或手指插入鼻孔 5 厘米，搔痒使其呼吸，若此办法不见效，可倒提犊牛，轻轻拍打胸部，使黏液流出，犊牛的脐带通常情况会被自然扯断，未被扯断时，用消毒剪刀在离腹部 10～12 厘米处将脐带剪断，将滞留在脐带内的血液和黏液挤净，并用 5%的碘酒浸泡消毒，生后两天要检查犊牛脐带是否有感染，正常犊牛脐部周围柔软，如发现犊牛脐部红肿并有触痛感，即脐带感染，应立即进行处理，否则脐带感染可能发展为败血症，引起犊牛死亡。人工擦干犊牛身上的黏液或由母牛尽快舔干犊牛身体，约在出生后 30 分钟帮助犊牛站起，引导犊牛接近母牛乳房寻食母乳，若有困难，需人工辅助哺乳。

2. 称重、编号

犊牛出生后第一次哺乳前，应称重。为了便于牛的管理，要对出生后的犊牛进行编号。生产上应用比较广泛的是耳标法和打耳号法。耳标可以用塑料或金属的，先在上面打上号或用不褪色的彩色笔写上号码，然后固定在牛的耳朵上，也可以用电烙编号和冷冻编号。

二、哺乳期犊牛的饲养管理

（一）哺乳期犊牛的饲养

1. 犊牛哺乳

一般情况下，肉用犊牛采用随母牛自然哺乳，犊牛跟着母牛，让其自由采食。有些母牛由于初产或产后疾病或事故，造成泌乳量减少或没有时，就需要及时采取补救措施。此外，奶公犊育肥，一般采取犊牛哺乳机饲喂，一般饲喂酸化乳或灭菌乳。出生后 1 个月之内母乳不足时，在哺母乳的同时应哺人工乳，并逐渐用人工乳、牛乳代替母乳，出生后 1 个月以后母乳不足时，可完全用人工乳饲喂，5 周龄内日喂 3 次，6 周龄以后日喂 2 次。

人工哺乳时，每次喂奶之后用毛巾将犊牛口、鼻周围残留的乳汁擦净，以防形成舐癖。也可以选用健康、产奶量中下等的产奶牛作为保姆牛，犊牛和保姆牛分栏饲养，每日定时哺乳 2 次。

自然哺乳的前半期（90 日龄前），肉用犊牛的日增重与母乳的量和质关系密切，母牛泌乳性能较好，犊牛日增重可达到 0.5 千克以上；在后半期，犊牛可觅草料，逐渐代替母乳，减少对母乳的依赖程度，日增重应达 0.7～1 千克。若达不到以上标准，应增加母牛的补料量。

此外，要保障犊牛充足的饮用水，水温保持在 36～37 ℃；一月龄以后可以在运动场内设置水槽，保证犊牛饮用常温水。

2. 犊牛补饲

为了促进犊牛瘤胃尽早发育，可用犊牛补饲栏，犊牛生后 1～2 周，就可给予一定量的含优质蛋白质的精饲料和优质干草，这不仅有利于提高日增重，而且还有利于断奶。特别是杂交牛犊，其初生体型大，本地母牛的母乳不能满足营养需要，导致杂交牛犊的生长发育受阻，更应及早补饲。训练犊牛采食精饲料时，可采用正规厂家生产的犊牛开口料，到 1 月龄可喂到 200～300 克，2 月龄可增至 500～700 克，3 月龄时可采食 750～1 000 克。刚训练采食干草时，可在犊牛笼的草架上添加一些柔软优质的干草让犊牛自由采食，青贮饲料在 8 周前不宜多喂，可以补给少量切碎的胡萝卜等块根、块茎饲料，补饲后期可饲喂大量优质青干草、青贮饲料。犊牛生后 8 周内严禁喂尿素，另外，在饲喂粗料过程中应选择干净、柔软的饲料，有条件最好随母牛放牧。在正常情况下，通过补饲的改良犊牛一般在 6 月龄断乳时体重可达 160～170 千克，日增重 0.7～0.8 千克。

（二）哺乳期犊牛的管理

1. 防寒

冬季天气寒冷，特别是在北部高寒地区，气温低、风大，应注意犊牛舍的保暖，防止贼风和穿堂风侵入，犊牛栏内要铺柔软干净的垫草，保持舍温在 0 ℃以上。

2. 去角

一般在犊牛出生 10 天后去角，尤其是作为育肥用的犊牛，去角后便于管理，防止相互间角斗。常用的去角方法有电烙法和氢氧化钠法两种。

3. 运动

加强运动，以促进其采食量增加和户外阳光照射，增加犊牛对疾病的抵抗能力，使其健康生长。舍饲犊牛生后 7～10 日龄，可在运动场作短时间运动，开始时 0.5～1 小时，以后逐渐延长运动时间。运动时间的长短应根据气候及犊牛日龄来掌握，如果犊牛出生的季节比较温暖，开始运动的时间可以早一些；如果犊牛在寒冷季节出生，则运动的时间可以晚一些。但在酷热天气，午间应避免太阳直接暴晒，以免中暑。此外，雨天不要使 1 月龄以下的犊牛到舍外活动。放牧饲养的犊牛从出生后 3 周到 1 个月开始放牧，放牧时要避免环境和饲养方法的急速改变。放牧前 1 周左右应将牛群赶到户外，使之增加对外界的适应能力，同时加强运动。犊牛过度放牧会使其能量消耗过大而影响增重，一般每天以 3～4 千米为好。

4. 饮水

每天为犊牛提供充足洁净的饮水，在冬季以温热的饮水为佳，不能饮用冰水，以免造成腹泻。

5. 刷拭

犊牛皮肤易被粪便及尘土黏附而形成皮垢，这样不仅降低了皮毛的保温与散热，而且使皮肤血液循环不良，还可造成犊牛舔食皮毛的恶习，增加患病的机会。坚持每天刷拭皮肤 1～2 次，不仅能保持牛体清洁，而且能养成温驯的性格。

6. 卫生

犊牛舍每天进行清扫，保证圈舍通风、干燥、清洁、阳光充足。对补饲及饮水器具应定期消毒，犊牛料要少喂勤添，以保证饲料新鲜、卫生。

三、断奶期犊牛的饲养管理

（一）断奶期犊牛的饲养

犊牛断奶的时间应根据实际情况和补饲情况确定，肉用犊牛的哺乳期一般为 5～6 个月，当犊牛能采食 1 千克犊牛料时，就可以断奶，以促进犊牛生长发育，使母牛尽早发情。一般犊牛料应是含有粗蛋白 16%～18%、粗脂肪 2%、粗纤维 3%～5%、钙 0.6%、磷 0.4%的配合饲料。精饲料参考配方；玉米 53%、麸皮 12%、豆饼 32%、石粉 2%、食盐 1%、另加维生素 A、维生素 E、维生素 D 及微量元素添加剂。若犊牛体质较弱，可适当延长哺乳时间，原则上不超过 8 月龄。在生产实践中，为了缩短哺乳期，提高母牛的繁殖效率，可提前断奶或实行早期断奶。

（二）断奶期犊牛的管理

犊牛断奶后要分群，后备犊牛按性别分群以防早配。

第二节 母牛的饲养管理

一、育成母牛的饲养管理

一般将断奶后直到初次分娩前的母牛称为育成母牛。这一阶段也是性成熟的时期，母牛从发情、配种，进入怀孕、产犊的时期。作为牛群后备牛，过肥或过瘦都会影响健康和繁殖。因此，育成母牛生长发育是否正常，直接关系到牛群的质量，必须给予合理的饲养管理。

（一）育成母牛的饲养

犊牛 6 月龄断奶后就进入育成期。这一时期小牛生长快，是体尺、体重增长最快的时期。舍饲西门塔尔肉牛要保证日增重 0.8 千克以上，否则会使预留的繁殖用小母牛初次发情期和适宜配种繁殖年龄推迟，肉用的育成牛则发育受阻，影响肥育效果。

1. 前期饲养（断奶至 1 岁）

断乳后的幼牛由依靠母乳为主转移到完全靠自己独立生活，刚断奶的牛，由于消化机能比较差，为了防止断奶应激和消化不良，重点把握哺乳期与育成期的过渡，应提供适口性好、能满足其营养需要的饲料，这一时期幼牛正处于强烈生长发育时期，是骨髓和肌肉的快速生长阶段，体躯向高度和长度两个方向急剧增长，性器官和第二性征发育很快，但消化机能和抵抗力还没有发育完全。在饲养上要求供给足够的营养物质，满足其生长需要，以达到最快的生长速度，而且所喂饲料必须具有一定的容积，以刺激其前胃的生长。此期饲喂的饲料应选用优质干草、青干草、青贮饲料、加工作物的秸秆等，作为辅助粗饲料应少量添加，同时还必须适当补充一些混合精饲料。从 9～10 月龄开始，便可掺喂秸秆和谷糠类粗饲料，其比例应占粗饲料总量的 30%～40%，日粮配方可参考该配比：混合精饲料 1.8～2.0 千克，优质青干草 2.0 千克，青贮饲料 6.0 千克，精饲料应占日粮总量的 40%～50%；混合精饲料配方如下：玉米 40%、麸皮 20%、豆饼 20%、棉子饼 10%、尿素 2%、食盐 2%、贝壳粉 2%、碳酸钙 3%、微量元素添加剂 1%。12 月龄以内的小母牛日粮中一定要含有谷物等精饲料，保证生长发育的营养需要。

在放牧条件下，每日除放牧以外，回舍后要补饲优质青干草及营养价值全面的高质量混合精饲料。牧草良好时日粮中的粗饲料和大约一半的精饲料可由牧草代替，牧草较差时则必须补饲青饲料和精饲料，如以农作物秸秆为主要粗饲料时，每天每头牛应补饲 1.5 千克混合精饲料，以期获得 0.6～1.0 千克较为理想的日增重。

2. 中期饲养（1 岁至配种）

此阶段育成母牛消化器官进一步扩大，为了促进其消化器官的生长、消化能力的增强，日粮应以粗饲料和易消化饲料为主，其比例应占日粮总量的 75%，其余 25%为混合饲料，以补充能量和蛋白质的不足。此时育成母牛既无妊娠负担，也无产奶负担，通常日粮水平只要能满足母牛的生长即可。这一时期的育成母牛肥瘦要适宜，七八成膘，最忌肥胖，否则脂肪沉积过多，会造成繁殖障碍，还会影响乳腺的发育。但如饲养管理不当而发生营养不良，则会导致育成母牛生长发育受阻，体躯瘦小，初配年龄滞后，很容易产生难配不孕牛。利用好的干草、青贮饲料、半干青贮饲料添加少量精饲料就能满足这一时期母牛的营养需要，可使牛达到 0.6～0.65 千克的日增重。在优质青干草，多汁饲料不足和计划较高日增重的情况下，则必须每天每头牛添加 1.0～1.3 千克的精饲料。具体配方可参考：玉米青贮饲料 15 千克，优质青干草 3～5 千克，混合精饲料 2.5～3.0 千克。育成母牛在 14～18 月龄，体重达到成年母牛体重的 70%，例如西门塔尔母牛，14 月龄体重 350 千克，而且发情周期稳定，就可以实施配种。

3. 后期饲养（配种至初次分娩）

这时母牛已配种受胎，生长缓慢下来，体躯显著向宽深发展，在丰富的饲养条件下体内容易贮积过多脂肪，导致牛体过肥，引起难产、产后综合征。但如果饲料过于贫乏，又会使牛的生长受阻，导致体躯狭浅、四肢细高，泌乳能力差。在此期间，饲料应多样化、全价化，应以优质干草、青草、青贮饲料和少量氨化麦秸秆作为基础饲喂，青饲料日喂量 35～40 千克，精饲料可以少喂甚至不喂。直到妊娠后期尤其是妊娠最后 2～3 个月，由于体内胎儿生长发育所需营养物质增加，为了避免压迫胎儿，要求日粮体积要小，但要提高日粮营养浓度，减少粗饲料，增加精饲料，可每天补充 2～3 千克精饲料。如有放牧条件，则育成母牛应以放牧为主，在良好的草地上可实行全天候放牧，需要适当进行舔砖补饲。如采用半放牧方式，则需放牧回舍后补喂一些干草和适量精料。

（二）育成母牛的管理

1. 分群

育成牛最好 6 月龄时分群饲养，把育成公牛和母牛分开，以免早配，影响生长发育。同时，育成母牛应按年龄、体格大小分群饲养，月龄差异 1.5～2 个月，活重差异 25～30 千克。

2. 加强运动

尤其舍饲培育的种用品种母牛，每天可驱赶运动 2 小时左右。妊娠后期的母牛要注意做好保胎工作，与其他牛分开，单独组群饲养，防止母牛间挤撞、滑倒，不鞭打母牛，不饲喂霉变饲料、冰冻饲料，不饮脏水。

3. 刷拭

为了保持牛体清洁，促进皮肤代谢，每天刷拭 1～2 次，每次 5～10 分钟。按牛群数量适当安装牛体刷，一般 50 头一个牛体刷。

4. 乳房按摩

为了促进育成母牛乳腺组织的发育，提高产奶量，并养成母牛温驯的性格，使牛分娩后容易接受挤奶，从配种后开始，在每天上槽后按摩乳房 1～2 分钟，

一般早、晚按摩 2 次，到产前 1～2 月停止按摩乳房。

二、妊娠母牛的饲养管理

母牛妊娠后，不仅本身生长发育需要营养，而且要满足胎儿生长发育的营养需要和为产后泌乳储积营养。

（一）妊娠母牛的饲养

1. 妊娠前期（从受胎到怀孕 12 周）

由于胎儿生长发育较慢，其营养需求较少，一般按空怀母牛进行饲养，以优质青、粗饲料为主，适当搭配少量精饲料，每头每天精饲料用量可控制在 1～ 1.5 千克。保证中上等膘情，不可过肥。

2. 妊娠中期（13～26 周龄）

这一时期的重点工作就是保证胎儿发育所需的营养，但是要防止母牛过肥和难产的发生。可以适当的增加精料饲喂量，每天每头 1～2 千克精料。以牛体况作为标准，采食量应占体重的 1.5%～ 2%，如果粗饲料质量较好，精饲料用量控制在 1.5 千克

即可；如果粗饲料品质较差，则需要适当的将精饲料用量提高到2～3 千克。

3. 妊娠后期（27～38 周龄）

妊娠最后 3 个月是胎儿增重最多的时期，胎儿生长发育速度较快，需要从母体吸收大量营养。由于胎儿的快速增长，占据了腹腔大部分空间，导致瘤胃可容纳食物的空间相对减少了，因此，这一时期，需要给母牛提供营养全价，维生素、微量元素含量丰富的日粮。一般在母牛分娩前，至少要增重 45～70 千克，才能保证产犊后的正常泌乳与发情，所以母牛日粮中精料占比应为 25%～ 30%，粗饲料以优质青贮、青干草为主。妊娠最后 2 个月，母牛的营养直接影响着胎儿生长和本身营养储积，如果此期营养缺乏，容易造成犊牛初生重低、母牛体弱和奶量不足，严重缺乏营养还会造成母牛流产。所以这一时期要加强营养，但不应将母牛喂得过肥，以免影响分娩。

（二）妊娠母牛的管理

妊娠母牛应做好保胎工作，要防止母牛过度劳役、挤撞、猛跑而造成流产、早产。妊娠后期的母牛应同其他牛群分别组群，单独放牧在附近的草场，并且不要鞭打、驱赶母牛，不要在有露水的草场上放牧。每天至少刷拭牛体 1 次，以保持牛体清洁。饮水自由，不可以饮用脏水、冰水，水温最好保持在 12～14 ℃。在饲料条件较好时，应避免过肥和运动不足。充足的运动可增强母牛体质，促进胎儿生长发育，并可防止难产，舍饲妊娠母牛应该保持每天运动 2 小时左右。临产前应注意观察，做好接产准备工作，保证安全分娩。

三、围产期母牛的饲养管理

围产期指母牛分娩的前 15 天到分娩后 15 天。在此期间，母牛生理变化较大，胎儿增重快，所以在饲养上要注意调整，加强围产期的饲养管理，对增进临产前的母牛、分娩后的母牛及新生犊牛健康都很重要。

（一）围产期母牛的饲养

1. 围产前期（产前半个月至分娩）

这一时期，要根据母牛体况、膘情与乳房膨胀情况，减少精料饲喂量，尽量饲喂优质干草。产前 7 天，减少精料中食盐含量，不要饲喂小苏打等缓冲剂，仍然要适当减少精料饲喂量。注意不要饲喂得过于肥胖，这样的母牛分娩后容易患酮病。母牛分娩前 1～2 天食欲下降，注意提供适口性好的优质粗饲料，同时注意维生素的补入。建议这一时期的母牛可以饲喂较正规饲料厂家生产的围产期专用料，可以保证骨钙的吸收，预防各种产后病症的发生。

2. 围产后期（产后半个月）

母牛分娩的最初几天，身体虚弱，消化机能差，尚处于身体恢复阶段，要注意控制精料与多汁料供给量。这一时期如果营养过于丰富，特别是精饲料量过多，可引起母牛食欲下降，消化失调，易加重乳房水肿或乳腺炎，还可能因为钙、磷代谢失调而患产褥热。体弱母牛要求产后 3 天内只喂优质干草和少量以麦麸为主的易消化的精饲料，4 天后喂给适量的精饲料和多汁饲料。根据母牛乳房和消化系统的恢复状况适当增加精饲料喂量，每天不超过 1 千克，待乳房水肿完全消失后可增至正常，一般产后 1 周增至正常喂量，如果发现母牛不适就及时调整喂量。母牛产后一周内最好饮用温水，温度控制在 37 ℃。

（二）围产期母牛的管理

围产前期，将母牛转入产房饲养，自由活动。产房用 2% 火碱消毒，保持卫生干燥，冬暖夏凉，无贼风，牛床保持清洁干燥。尤其是冬季寒冷地区的产房环境要保持舒适、干燥、明亮、垫厚草。产房要有专人昼夜值班，分娩前注意观察分娩预兆，做好接产准备。分娩时，注意卫生操作，正确接产，产后注意监护，让母牛充分休息。

四、哺乳母牛的饲养管理

（一）哺乳母牛的饲养

母牛分娩 3 周后，泌乳量迅速增加，此时对能量、蛋白质、钙、磷的需要量增加，所以要增加精饲料的用量，日粮粗蛋白含量以 10%～11%为宜，并提供优质粗饲料，饲料要多样化，一般精粗饲料由 3～4 种组成，并大量饲喂青绿、多汁饲料。要保证粗饲料的品质，以秸秆为主时，应多喂胡萝卜等含胡萝卜素较多的饲料，或在日粮中每头每天添加维生素 A1 200～1600 国际单位。分娩 3 个月后，母牛的产奶量下降，这个时期要适当减少精饲料的喂量，防止母牛过肥。

（二）哺乳母牛的管理

每天应擦洗母牛乳房，保持其清洁，因为肉用犊牛一般是自然哺乳，而牛有趴卧的习惯，容易使乳房变脏，如不定时清洗，很容易使犊牛感染病原微生物而导致腹泻。对于西门塔尔牛品种，由于母牛泌乳性能较好，可以采取母带犊自然哺乳饲养方式，可以给牛增设补饲栏。在整个饲养期，变换饲料时不宜太突然，一般要有 7～10 天的过渡期，不喂发霉、腐败、含有残余农药的饲料，并注意清除混入草料中的铁钉、金属丝、铁片、玻璃等异物。同时为避免产奶量急剧下降，要加强运动，每天应刷拭牛体，给足饮水。对于舍饲哺乳母牛，若母牛恢复情况良好，可以放回原群饲养。对于放牧哺乳母牛，放牧归来后还要补饲食盐。母牛从舍饲转到放牧要逐步过渡，每天放牧时间从 2 小时逐渐增加直至 12 小时。但切忌不要在有露水的草场上放牧，也要注意不要母牛采食大量易产生气体的豆科牧草，防止氢氰酸中毒和瘤胃鼓气。

第三节 公牛的饲养管理

一、育成公牛的饲养管理

育成公牛是指 6 月龄到 18 月龄初次配种前这一阶段的公牛，作为后备公牛，饲养目的就是保证其良好的生长发育，为成年后能够取得品质优良的精液打好坚实的基础。

（一）育成公牛的饲养

保证饲喂定时、定量，做到营养均衡。每天 5：00、13：30、19：00 分 3 次饲喂，每头喂量：精饲料 2～2.5 千克/次，干草 2.5～3 千克/次，具体喂量以牛刚好吃净为准。在接近配种月龄前的 6 个月，每天上午 10：00 添喂 1 次紫花苜蓿，每头 2.5～3 千克/次，餐后保证充足、清洁的饮水。

（二）育成公牛的管理

以促进育成公牛正常的生长发育，尤其是骨骼、肌肉、生殖等系统，避免沉积过多的脂肪以及提高饲料的转化率。一般夏季安排在上午 9：00 运动 1 小时和下午 15：30 运动 1～2 小时；冬季运动时间安排在集中在下午阳光较为充足的 14：00 左右，运动 2 小时。

二、种公牛的饲养管理

优秀种公牛对改良和提高整个牛群质量起着至关重要的作用。

公牛早期培育和饲养管理不当，会造成公牛种用价值的降低，严重时还会丧失种用价值，造成较大的损失。

(一) 种公牛的生理特性

(1) 有很强的记忆能力，对周围事物和人能记清楚。因此，种公牛应指定专人负责，不要随便更换。

(2) 有较强的自卫性。当陌生人和它接近时，立即表现出要对来者进攻的架势，要求专人看护，通过长期的接触，培养感情。

(3) 性反射强，采精、勃起、爬跨及射精反射都很快。长期不采精或不配种，容易出现顶人的恶癖或者形成自淫的毛病。

(二) 种公牛的饲养

1. 日粮组成

日粮应由精料、优质青干草和少量的块根类饲料组成。按100千克体重计算，每天喂给1～1.5千克青干草或3～4千克青草，1～1.5千克块根饲料，0.8～1千克青贮料，0.5～0.7千克精料。另外，注意微量元素和维生素的供给。日粮分3次饲喂，定时定量，自由饮水。饲料应易于消化，容积不能过大。

2. 控制膘情

中等膘情的种公牛精液质量较好，为了达到这个控制膘情的目的，最好每日都要对种公牛称重1次，并根据称重结果及时调整日粮配方。

(三) 种公牛的管理

1. 单独饲养

成年种公牛单栏饲喂，面积不少于40平方米，不得使用暴力行为对待种公牛，有攻击恶癖的要拴系饲养，防止脱缰导致伤人或发生公牛间角斗而造成伤亡。

2. 定期称重

每隔 2 月称重一次，根据体重调节饲料喂量，以免过瘦或过肥。

3. 适当运动

拴系饲养时每天应运动 2～3 小时，运动形式有直线往复运动、转盘式运动、驱赶运动和简单的使役。种公牛 3 岁前原则上采取自由运动方式，对 3 岁后或较懒惰的种公牛要采取强制运动，保证种公牛健康，提高精子活力。牵引或驱赶运动每次在 1.5～2 小时，距离 4～5 千米，强度以微汗为宜。

4. 合理刷拭

每天定时（上午 8 点，下午 3 点）给种公牛刷拭身体，刷拭的重要部位是角间、额部、颈部、尾根部等。刷拭顺序：先从一侧腰背开始刷拭，然后到腹部、肩部、颈部、臀部、尾巴、四肢及蹄部，最后再刷拭头部。刷拭要轻柔细致以清除污垢、减少刺痒。每头牛刷拭不少于 10 分钟，同时按摩睾丸。冷天干刷，夏季淋浴。

5. 及时修蹄

随时注意公牛肢蹄有无异常，定期对种公牛肢蹄进行检查护理，经常保持蹄壁和蹄叉的清洁卫生，严防发生腐蹄病、蹄叶炎等肢蹄病。蹄形不正要随时修正。每年春、秋季各削蹄 1 次。经常用硫酸铜进行泡蹄。

6. 合理调训

自繁种公牛哺乳时间不少于 180 天。拴系种公牛出生后 6 个月带笼头，8 月龄起穿戴鼻环，以便于控制。使用统一口令调训，并开始牵引，以增加人牛亲和力。饲养人员不易频繁更换，最好做到“三定”（定人、定时、定量）工作。

7. 定期消毒

每周对牛舍带牛消毒一次，15 天对牛舍及生产区彻底消毒一次。异常天气过后要立即消毒。消毒药剂用 3 种轮换使用。

第四节 肉用育肥牛的饲养管理

肉用牛的育肥方法主要分为持续育肥法、后期集中肥育法和短期育肥法等。不同育肥方法，有不同的饲养管理要求。

一、持续育肥牛的饲养管理

持续育肥法，又称直线育肥法，是指肉牛犊断奶后，立即转入育肥阶段进行育肥，一直到 18 月龄左右、体重达到 500 千克以上时出栏。持续育肥技术是肉牛育肥采用最多的方式之一，应用持续育肥技术的育肥牛生长发育快，肉质细嫩鲜美，脂肪含量少，适口性好，牛肉商品率高，同时牛场也增加了资金周转次数，提高牛舍的利用率，经济效益明显。持续育肥主要有放牧持续育肥、放牧加补饲持续育肥和舍饲持续育肥三种方法。

（一）放牧持续育肥

放牧持续育肥法适合草质优良的地区，通过合理调整豆科牧草和禾本科牧草的比例，不仅能满足牛的生理需要，而且可以提供充足的营养，不用补充精饲料也可以使牛日增重保持 1 千克以上，但需定期补充定量食盐、钙磷和微量元素。放牧持续育肥法的优点是可以节省大量精饲料，降低饲养成本。缺点是育肥时间相对较长。

1. 选择合适的放牧草场

牧草质量要好，牧草生长高度要适合牛采食，牧草在 12～18

厘米高时采食最快，10厘米以下牛难以采食。因此，牧草低于12厘米时不宜放牧，否则，牛不容易吃饱，造成“跑青”现象。北方草场以牧草结籽期为最适合育肥季节。

2. 保证放牧时间

牛的放牧时间每天不能少于12小时，以保证牛有充足的吃草时间。当天气炎热时，应早出晚归，中午多休息。

3. 合理分群

做到以草定群，草场资源丰富的，牛群一般30～50头一群为好，120～150千克活重的牛，每头牛应占有1.33～2公顷草场；300～400千克活重的牛，每头牛应占有2.67～4公顷草场。

4. 补充精料

育肥肉牛必须根据牛的采食情况，补充精料。应在放牧期夜间补饲混合精料。在收牧后补料，出牧前不宜补料，以免影响放牧时牛的采食。

5. 补充食盐

在牛的饮水中添加食盐或者给牛准备食盐舔砖，任其舔食。

6. 添加促生长剂

放牧的肉牛饲喂瘤胃素可以起到提高日增重的效果。据资料介绍，每日每头饲喂150～200毫克瘤胃素，可以提高日增重23%～45%。以粗饲料为主的肉牛，每日每头饲喂150～200毫克瘤胃素，也可以提高日增重13.5%～15%。

7. 驱虫和防疫

放牧育肥牛要定期注射倍硫磷，以防牛皮蝇的侵入，损坏牛皮。定期药浴或使用驱虫药物驱除牛体内外寄生虫，定期进行口蹄疫、牛布氏杆菌病等防疫。

(二) 舍饲持续育肥

舍饲持续育肥法适用于专业化育肥场。犊牛断奶后即进行持续育肥，犊牛的饲养取决于育肥强度和屠宰时月龄，强度育肥到14月龄左右屠宰时，需要提供较高的营养水平，以使育肥牛平均日增重达到1千克以上。在制订育肥生产计划时，要综合考虑市场需求、饲养成本、牛场条件、品种、育肥强度及屠宰上市的月龄等，以期获得最大的经济效益。

育肥牛日粮主要由粗料和精料组成，平均每头牛每天采食日粮干物质约为牛活重的2%。舍饲持续育肥一般分为适应期、增肉期和催肥期三个阶段。

1. 适应期

断奶犊牛一般有1个月左右适应期。刚进舍的断奶犊牛，对新环境不适应，要让其自由活动，充分饮水，少量饲喂优质青草或干草，精料由少到多逐渐增加喂量，当进食1～2千克时，就应逐步更换正常的育肥饲料。在适应期每天可喂酒糟5～10千克，切短的干草15～20千克（如喂青草，用量可增3倍），麸皮1～1.5千克，食盐30～35克。如发现牛消化不良，可每头每天饲喂干酵母20～30片。如粪便干燥，可每头每天饲喂多种维生素2～2.5克。

2. 增肉期

一般7～8个月，此期可大致分成前、后两期。前期以粗料为主，精料每日每头2千克左右，后期粗料减半，精料增至每日每头4千克左右，自由采食青干草。前期每日可喂酒糟10～20千克，切短的干草5～10千克，麸皮、玉米粗粉、饼类各0.5～1千克，尿素50～70克，食盐40～50克。喂尿素时要将其溶解在少量水中，拌在酒糟或精料中喂给，切忌放在水中让牛直接饮用，以免引起中毒。后期每日可喂酒糟20～25千克，切短的干草2.5

～5 千克，麸皮 0.5～1 千克，玉米粗粉 2～3 千克，饼渣类 1～1.25 千克，尿素 100～125 克，食盐 50～60 克。

3. 催肥期

一般 2 个月，主要是促进牛体膘肉丰满，沉积脂肪。日喂混合精料 4～5 千克，粗饲料自由采食。每日可饲喂酒糟 25～30 千克，切短的干草 1.5～2 千克，麸皮 1～1.5 千克，玉米粗粉 3～3.5 千克，饼渣类 1.25～1.5 千克，尿素 150～170 克，食盐 70～80 克。催肥期每头牛每日可饲喂瘤胃素 200 毫克，混于精料中喂给效果更好，体重可增加 10%～15%。

在饲喂过程中要掌握先喂草料，再喂精料，最后饮水的原则，定时定量进行饲喂，一般每日喂 2～3 次，饮水 2～3 次。每次喂料后 1 小时左右饮水，要保持饮水清洁，水温 15～25℃。每次喂精料时先取干酒糟用水拌湿，或干、湿酒糟各半混匀，再加麸皮、玉米粗粉和食盐等拌匀。牛吃到最后时，拌入少许玉米粉，使牛把料槽内的食物吃干净。

4. 舍饲持续育肥的管理

（1）进行消毒和驱虫。用 0.3%过氧乙酸或其他高效消毒液逐头进行 1 次喷体消毒。育肥牛在育肥之前应该进行体内外驱虫工作。体外寄生虫可以使得牛采食量减少，抑制增重和肥育期增长。体内寄生虫会吸收肠道食糜中的营养物质，从而影响育肥牛的生长和育肥效果。

通常可以选用虫克星、左旋咪唑或者阿维菌素等药物，育肥前 2 次用药，同时将体内外多种寄生虫驱杀掉。

（2）提供良好的生活环境。牛舍不一定要求造价很高，但是应该防止雨、雪以及防晒，要有冬暖夏凉的环境条件，并保持通风干燥。在寒冷地区，牛舍温度应保持在 0℃以上，以加速牛的生长和提高饲料利用率。工具应每天清洗干净，清粪、喂料工具应严格分开，定期消毒。洗刷牛床，保持牛床清洁卫生，随时清粪和勤更换牛床的垫草，定期大扫除、清理粪尿沟。牛舍及设备常检修。注意牛缰绳松紧，以防绞索和牛只跑出，确保牛群安全。

（3）饲养管理上坚持五定、五看、五净的原则。

①五定即定时、定量、定人、定刷拭以及定期称重。

②六看即看采食、看排粪、看排尿、看反刍、看鼻镜、看精神状态是否正常。

③五净即草料净、饲槽净、饮水净、牛体净和圈舍净。

（4）分群管理。分群应按年龄、品种、体重分群，体重差异不超过 30 千克，相同品种分成一群，3 岁以上的牛可以合并一起饲喂，便于饲养管理。

（5）减少活动。作为育肥的牛应相应地减少活动，对于舍饲育肥牛，拴牛绳要短，在每次饲喂完成之后应该一牛拴一桩或者是休息栏内。

（6）添加必要的中药和促生长剂。在育肥牛驱虫后要饲喂健胃散，每天饲喂 1 次，每次每头 500 克；给育肥牛添加瘤胃素，可以起到提高日增重的效果。具体添加方法是在精料中按每千克精料添加 60 毫克瘤胃素的标准添加。对大便干燥、小便赤黄的牛，用牛黄清火丸调理肠胃。

（7）做好防疫。肉牛必须做好牛口蹄疫疫苗的注射工作，并做好免疫标识的佩戴。有条件的还可以进行牛巴氏杆菌疫苗的注射。

（三）放牧加补饲持续育肥法

放牧加补饲持续育肥法适合牧草条件较好的地区，犊牛断奶后，以放牧为主，根据草场情况，适当补充精料或干草。放牧加舍饲的方法又分为白天放牧、夜间补饲和盛草季节放牧、枯草季节舍饲两种方式。放牧时要根据草场情况合理分群，每群 50 头左右，分群轮放。我国 1 头体重 120～150 千克的牛需 1.5～2 公顷草场。放牧时要注意牛的休息和补盐，夏季防暑，抓好秋膘。放牧加补饲持续育肥法的优点是可以节省一部分精饲料，降低饲养成本。缺点是育肥时间相对较长。

具体做法：放牧部分参照放牧持续育肥法，舍饲部分参照舍饲持续育肥法。

二、后期集中肥育牛的饲养管理

后期集中肥育法，又称吊架子育肥法。架子牛一般是指 3～4 岁，生长发育已完全结束，骨架与体型已定型，经 150 天以上的高精料、高能量日粮的强度催肥，体重达到 550～650 千克的牛，具有加工牛肉熟制品的成品率高、饲养期短、周期快和经济效益明显。

（一）架子牛的选择

1. 年龄选择

1.5 岁左右的牛育肥，能生产出高档优质的牛肉。而秦川牛生长发育较慢，加之传统的饲养方式下，到 3～4 岁时其骨架与体型才能达到催肥要求。因此，要获得短期强育肥良好的效果与效益，应选择 3～4 岁的健康秦川阉牛。6 岁以上阉牛、淘汰的基础母牛等老残牛由于育肥效果差、效益低，不宜用于高端牛肉育肥，只能生产普通育肥牛。

2. 体型外貌

头短额宽，嘴大颈粗，体躯宽深而长，前躯开张良好，皮薄松软，体格较大，棱角明显，背尻宽平，具有育肥潜力，体高 137 厘米，体斜长 150 厘米，体重 350 千克以上。而体躯过短，窄背弓腰，尖尻，体况瘦弱者不宜。

3. 育肥时间应选择春秋季节最佳

在6～8月高温季节，应采用水帘、屋顶淋雨和风扇等措施，防暑降温，减缓热应激；冬季应采取保温措施，肉牛育肥最适宜的环境温度为4～20℃。

（二）饲喂技术

采用高能量日粮，净能达到30兆焦/日以上，精料比例逐渐增加到70%，不用青绿多汁和青贮饲料，能量饲料应以大麦为主，提高高档肉牛比例，确保牛肉色泽等品质和风味。

1. 恢复期（10～15天）

由于运输、环境和管理方式等因素的应激反应，牛疲劳且体重下降5%～15%，需要一段时间恢复，以便适应新环境、群组和饲养管理方式。日粮以优质青干草、麦草为主，充足饮水，第1天不给精料，第2天给少量麸皮，3天后精料维持原农户或场的喂量。并完成检疫、防疫、驱虫和隔离观察。

2. 过渡期（15～20天）

逐步实现由原粗料型向精料型转变。待架子牛恢复体况并适应后，减少青干草，增加麦草，日喂粗饲料4～6千克/头；精料中粗蛋白保持13%～15%，喂量逐渐增加到4千克/日，保证每头净能37～52兆焦/日。

3. 催肥期

在此阶段停喂青干草，禁喂青绿多汁饲料，以麦草、稻草为主，日喂量3～4千克/头，逐渐增加精料，以每周增加精料2千克/头左右，粗蛋白保持8%～10%，日喂精料稳定在6～8千克/头，直至出栏。

（三）管理

1. 充分饮水

应采取自由饮水或每日饮水不少于 3 次，冬季饮温水。

2. 驱虫、健胃

在恢复期用丙硫咪唑一次口服，剂量为 10 毫克/千克体重；体外寄生虫可用 2%～4%的杀灭菊酯，在天气晴朗时，淋浴杀虫，既可杀死体表蜱等寄生虫，亦有避蚊蝇作用。驱虫 3 天后，用大黄苏打片 50～80 片/次，2 次/天，连用 2 天，然后用中草药健胃散 500 克/头，连用 2 天健胃，促进消化。

3. 分群

按体格大小、强弱的不同分群围栏饲养，育肥期最多每群 15 头，以 6～8 头组小群为最佳，并相对稳定，在育肥期每小群只能出，不再进牛，围栏面积 12～18 平方米。

4. 饲喂次数

育肥前期日喂 2～3 次，中间隔 6 小时，后期可自由采食。

5. 卫生

保持牛舍干燥卫生，进牛前牛舍必须清扫干净，用 2%～4%烧碱彻底喷洒消毒，待干燥后进牛。

6. 观察与称重

在育肥期要观察每头牛的反刍、精神和粪便等情况，病牛应及时隔离，单独饲养治疗；有臌气、粪便稀恶臭且有未消化精料，应减少或停止增加精料。育肥期每 30 天称重 1 次，方法是在早晨空腹时，连续称重两次，取其平均值为一次称重，推算日增重，并根据日增重调整日粮配方，使日增重保持在 0.8～1.2 千克。

三、短期育肥牛的饲养管理

短期育肥法主要针对未去势公牛、3 岁以上的去势牛和各类淘汰母牛，这类牛无法生产优质高档牛肉，单纯的育肥场或农户育肥，以追求出栏时牛的架子和体重大，出售育肥活牛为主，供应中低市场为目标的肉牛育肥。育肥期 120～150 天。

（一）架子牛的选择

1. 年龄

年龄选择余地不大，当然愈小愈好。在年龄相当时，母牛、阉割牛比未去势公牛育肥效果好。

2. 健康检查

认真检查口腔、牙齿是否完好；仔细观察咀嚼、粪便、排尿、四肢等，而体躯过短，窄背弓腰，尖尻，体况瘦弱者不宜。

3. 妊娠检查

对淘汰母牛应进行妊娠检查，确定是否怀孕，再决定是否采购。

（二）饲喂技术

采用玉米秸秆青贮、酒糟等农作物秸秆饲草为主。补充精料高能量日粮，能量饲料以玉米为主，以提高日增重和改善体型为主。

1. 使用玉米秸秆青贮育肥

具体分三个阶段育肥。

（1）恢复期（10～15 天）。日粮以优质青干草、麦草为主，少量青贮草，充足饮水，第 1 天不给精料，第 2 天给少量麸皮，3 天后精料维持原来场的喂量。并完成防疫、驱虫和隔离观察。

（2）过渡期（15～20 天）。逐步实现由原粗料型向精料型转变。待架子牛恢复体况并适应后，减少青干草，增加青贮和酒糟，日喂粗饲料 15 千克左右；精料中的粗蛋白保持 10%～12%，添加 0.5%碳酸氢钠，精饲料喂量逐渐增加到 4 千克/（头・日）。

（3）催肥期。在此阶段停喂青干草，节省成本，以青绿多汁青贮、酒糟为主，不限制采食，后期酒糟最大饲喂量可达 20 千克/（日・头），青贮保持 8～15 千克/（日・头），并以少量麦草、稻草为主，日喂量 3 千克/头，起到调节胃肠酸碱度和刺激胃肠蠕动的作用；逐渐增加精料，以每周增加精料 1～2 千克/头左右，精料中的粗蛋白保持 8%～10%，添加 1.0%碳酸氢钠，日喂精料逐渐稳定在 4～6 千克/头至出栏。

2. 使用酒糟育肥

具体分三个阶段育肥。

（1）第一阶段　30 天（第 1 个月）。前 10～15 天为恢复期，日粮以优质青干草、麦草为主，少量青贮草，充足饮水，第 1 天不给精料，第 2 天给少量麸皮，3 天后精料维持原来场的喂量。并完成防疫、驱虫和隔离观察。后 15 天每天饲喂酒糟 10～15 千克，玉米秸粉 3 千克，配合饲料 1～1.5 千克，食盐 20 克。

（2）第二阶段　30 天（第 2 个月）。每天饲喂酒糟 15～20 千克，玉米秸粉或青干草 6.5 千克，配合饲料 1.5～2.0 千克，食盐 30 克。

（3）第三阶段　40～60 天（第 3～4 个月）。每天喂酒糟 20～25 千克，青干草或玉米秸粉 6.5～7 千克，配合饲料 2.5～3 千克，食盐 50 克。

使用鲜酒糟的，为了防止鲜酒糟发霉变质，可建一水泥池，池深 1.2 米左右，大小根据酒糟量确定。把酒糟放入池内，然后加水至漫过酒糟 10 厘米。这样可使酒糟保存 10～15 天。

酒糟以新鲜为好，发霉变质的酒糟不能使用。如需储藏，窖贮效果好于晒干储藏。饲喂酒糟类饲料应拌匀后再喂。

（三）管理技术

1. 充分饮水

应采取自由饮水或每日饮水不少于 3 次，冬季饮温水，忌饮冰水。拴养时在白天饲喂结束后，清扫饲草，加满饮水。

2. 驱虫、健胃

牛体内大都寄生有线虫、绦虫、蛔虫、血吸虫、囊尾蚴等多种寄生虫，严重影响牛的生长发育，在育肥前必须先驱除体内外的寄生虫。可选用广谱、高效、低毒的丙硫咪唑一次口服，剂量为 10 毫克/千克体重，阿维菌素肌注 0.2 毫克/千克体重；间隔 1 周再驱虫 1 次。或用 1%～3%敌百虫水溶液涂擦患部驱除体外寄生虫。

健胃用大黄碳酸氢钠片或中草药。中药健脾开胃，可以将茶叶 400 克，金银花 200 克煎汁喂牛；或用姜黄 3～4 千克分 4 次与米酒混合喂牛；或用香附 75 克、陈皮 50 克、莱菔子 75 克、枳壳 75 克、茯苓 75 克、山楂 100 克、六神曲 100 克、麦芽 100 克、槟榔 50 克、青皮 50 克、乌药 50 克、甘草 50 克，水煎一次内服，每头每天 1 剂，连用 2 天。

3. 分群、定槽

按品种、体格大小、强弱的不同分群围栏饲养，育肥期最多每群 15 头，以 6 头组小群为最佳，并相对稳定，在育肥期每小群只能出，不再进牛，围栏面积 12～18 平方米。对拴养的牛，固定槽位，缰绳长 35 厘米。

4. 饲喂次数

育肥前期日喂 2～3 次，间隔 6 小时，后期可自由采食。拴养育肥在夜间 9 点添槽，保持夜间牛有饲草采食。

5. 勤观察

对拴养牛，特别是育肥未去势牛，夜间必须有人值班，防止脱缰，打斗，而造成伤害、应激，以及不必要的牛或人身事故。

第五节 肉牛生态养殖管理

肉牛生态养殖是利用生态学、生态经济学、系统工程和清洁生产思想、理论和方法进行肉牛业生产的过程，其目的在于达到保护环境、资源可持续利用的同时生产优质的牛肉。特点是在肉牛业全程生产过程中，既要体现生态学和生态经济学的理论，同时也要充分利用清洁生产工艺，从而达到生产优质、无污染和健康的牛肉产品；其模式的成功关键在于实现饲料基地、饲料及饲料生产、养殖及生态环境控制、废弃物综合利用及粪便循环利用等环节能够清洁生产，实现无废弃物或少废弃物生产过程。常见的肉牛生态养殖模式有以下几种。

一、林下种草生态养牛

（一）特点

林下种草生态养牛模式可节省草料，节约饲养成本；均衡采食，提高抗病能力；充分运动，有利于母牛顺产；自由生长，促进犊牛发育；肌肉丰满，改善牛肉品质；减少药物添加，保证产品质量安全等。

（二）适宜林下种植的牧草品种

以豆科牧草为主，适当搭配禾本科牧草。如紫花苜蓿和草木樨，其他还有沙打旺、柠条、红三叶、红豆草、箭筈豌豆、鹰嘴豆、毛叶苕子等豆科牧草；冰草、无芒雀麦、串叶松香草、篁竹草、黑麦草、高丹草、菊苣等禾本科及其他科牧草。

（三）北方地区适宜间作的树种

如杨树、刺槐、柿树、枣树、银杏、香椿、核桃、杏树、花椒、苹果、李树、石榴、樱桃等。

（四）肉牛对牧草的利用

养肉牛一般以青贮玉米、饲用高粱、苏丹草、墨西哥玉米等禾本科牧草为主，其比例可以达到日粮的70%～80%；豆科牧草可占日粮的20%～30%。夏秋季节以鲜草为主，冬春枯草期以干草、青贮、草颗粒和草块为主。肉牛日粮中牧草的比例不能低于35%。育肥前期可以牧草为主料，在日粮中的比例可达55%～65%；育肥中期占45%；育肥后期占35%～45%。育肥中期可大量饲喂青绿牧草，但由于干物质和能量含量低，需要与能量饲料搭配使用。育肥后期为了提高日粮能量水平，应减少或避免使用鲜草，以干草为主。青贮也是肉牛的理想牧草利用形式，尤其在枯草期，用量可控制在日粮总量的30%～50%，但应与碳水化合物含量丰富的饲料搭配使用。

（五）牛种选择

适合林下养殖的肉牛品种，主要是我国的本地品种如南阳黄牛和鲁西黄牛及与国外品种的杂交种，以杂交种最适合。

（六）牛舍建造

根据饲养规模、资金，选择适合的林地搭建简易牛舍，以每头牛不低于60 $米^2$的用地为标准，林下养殖密度为11头/亩（667 $米^2$）。要注意冬季用塑料薄膜，上覆盖玉米秸秆以便保暖。

（七）育肥方式

可选择放牧加补料或舍饲育肥。放牧加补料方式简单易行，适合于疏林草地、草场资源丰富、劳动力缺乏的地区。白天让育肥肉牛在外自由采食，晚上补饲精饲料。舍饲育肥方式适合于林下种草、幼林间套种牧草的种植区，肉牛全天舍饲喂养，每天喂给足量牧草，适当添加精饲料。

（八）饲养管理

主要喂食精料、干草和青贮混合饲料，日喂 3 次，定时定量，先草后料，饮水 2 次。春秋两季进行布氏杆菌病检疫，每年进行 2 次口蹄疫疫苗、1 次炭疽菌苗预防注射。

二、发酵床生态养牛

发酵床生态养牛是根据微生态和生物发酵原理，在牛舍内建造发酵床，并铺设一定厚度的有机物垫料（稻壳、锯末、秸秆和微生物菌种混合），牛将粪尿直接排泄到垫料上面，通过牛的踩踏和人工辅助翻耙，使粪尿和垫料充分混合，让有益微生物菌种发酵，使粪、尿有机物质分解和转化。垫料使用后，可以生产生物有机肥，用于农田、果园施肥，实现循环利用。这种饲养方法无任何废弃物排放，对环境无污染。

（一）牛舍建造

建造要就地取材，经济适用，科学合理，符合兽医卫生要求。北方牛舍冬季要防寒保暖，南方牛舍夏季要通风、防暑。发酵床牛舍的类型与常规牛舍基本相同，采用双列式饲养较为经济。北方寒冷地区可采用封闭式或半开放式，南方地区则采用开放式牛舍。

（二）发酵床建造

根据地下水位的高低，发酵床可建地上式、地下式和半地下式 3 种。地上式发酵床：垫料层位于地平面以上，适用于南方地下水位较高的地区。地下式发酵床：垫料层位于地平面以下，床面与地面平齐，适合于地下水位较低的地区。半地下式发酵床：适用于地下水位适中的江淮大部分地区。

发酵池内四周用砖砌起，砖墙上用水泥抹面，池底部为自然土地面。发酵速度主要与排泄量、微生物菌活力和气温有关。发酵池深度一般为 80～100 厘米，过浅不能充分消化、分解粪尿；过深单位面积成本增加，翻耙工作量也加大。夏季发酵床垫料可适当垫低，冬季适当垫高。

（三）发酵床制作

1. 垫料原料

选用原则是来源广泛、供应稳定、价格较低，主要由有机垫料组成。主要原料有锯末、稻壳、碎树木屑（5 厘米以下）、刨花和农作物秸秆等。主料必须为高碳原料，水分不宜过高、便于临时贮存，不得选用已经腐烂霉变的原料。

2. 菌种选择

主要由芽孢杆菌、放线菌、乳酸菌、酵母菌和丝状菌等多种有益微生物组成。目前，商业剂型主要有水剂、糊剂和粉剂，粉剂较易于保存，使用方便。外购菌种的辨别和选择应注意：一是选择正规单位制作的菌种；二是菌种包装要规范；三是菌种色味要纯正；四是供菌种单位的信誉、口碑要好。养殖户在选用成品菌种时，一定要多方了解，或与已经使用菌种的养殖户交流，以确认其使用效果。

3. 垫料制作

发酵床养牛不同于一般的发酵床制作，因为牛的体重比猪要重几倍，常规的发酵床垫料不能承受牛强大的重力。选择黄熟玉米秸秆为发酵床主要垫料时，其垫料层厚度夏天一般为 60 厘米左右，冬季为 80～100 厘米。垫料分成三层垫入，最底部放置稻草和长度不一的整株玉米秸秆，中间一层放置锯末、稻壳、碎树木屑或刨花，在上层放置发酵好的垫料和5～10厘米厚切短的玉米秸秆，每层厚度20～30厘米。上层发酵垫料制作：先将玉米秸秆粉碎，按每立方米加入2千克菌液，充分混合搅拌均匀后，打堆，四周用塑料布盖严发酵；温度尽量保持在20～25℃，夏天经过2～3d，冬季经过5～7d，当发出酸甜的酒曲香味时，即为发酵成功。整个过程直接在发酵池内进行。

（四）发酵床管理

1. 湿度管理

应经常测量发酵床垫料中的水分。根据水分状况适时补充水分，保持垫料微生物正常繁殖，维持垫料粪尿分解能力。合适的水分含量通常为60%～65%。检查垫料水分时，可用手抓起垫料攥紧，如果感觉潮湿但没有水分出来、松开后即散，可判断水分为30%～40%；如果感觉到手握成团、松开后抖动即散、指缝间有水但未流出，可以判断水分为60%～65%；如果攥紧垫料有水从指缝滴下，则说明水分含量为70%～80%。

2. 翻挖管理

当发酵床面的有机垫料被牛踩踏变硬时，必须将垫料深度翻松。通常每周将垫料翻动1～2次，翻动深度为25～35厘米。冬季应增加翻动次数，有利于提高舍内温度；夏季要减少翻动次数，深度应适当降低。也可结合疏粪或补水将垫料翻匀。

3. 疏粪管理

由于牛具有排泄量大、不定点、随处倒卧等特性，所以，发酵床上会出现粪尿分布不匀。只有将粪尿均匀分散在垫料上（即疏粪管理），并与垫料充分混合，才能保持发酵床水分的均匀一致，并能在较短的时间内将粪尿消化分解干净。每天应及时把过于集中的新鲜粪便分散掩埋到20厘米以下的垫料中。

4. 适时补菌

定期补充益生菌液是维护发酵床正常微生态平衡，保持其粪尿持续分解能力的重要手段。一般按垫料量的0.3‰～0.5‰补充，每周一次，边翻边喷洒，深度20厘米左右。

5. 补充管理

发酵床在消化分解粪尿的同时，垫料也会逐步损耗，一段时间后床面会自行下沉，及时补充垫料是保持发酵床性能稳定的重要措施。应保持床面与池面的高度一致，易于牛在料槽内自由采食。如果垫料减少应及时补充垫料。补充新料要与发酵床上的垫料混合均匀，并调节好水分，同时补充益生菌。

6. 垫料更新

发酵床垫料的使用寿命有一定期限。日常养护措施到位，使用寿命相对较长，反之则会缩短。当垫料达到使用期限后，会出现臭味、高温段上移和持水能力减弱等情况，此时必须将其从垫料槽中彻底清出，并重新放入新的垫料。清出的垫料可直接作为有机肥使用，也可按照生物有机肥的要求，进行二次发酵，做好熟化处理，并进行养分、有机质调节后，作为生物有机肥使用。

7. 控制发酵节奏

可增加益生菌液用量、预先加红糖水活化发酵菌剂、多添加新鲜米糠或含氮量高的营养物、增加秸秆层厚度、增加翻倒次数并打开孔通气、适当调高秸秆混合物含水量（但切忌水分不能超过65%，否则会因腐败菌发酵分解而产生臭味）等。调低温度可采用相反措施。上层和中层垫料温度一般不要超过50℃，表面温度应在30℃以下。

三、以沼气处理为纽带的生态养殖

（一）特点

以沼气处理为纽带的生态养殖模式即“肉牛一沼一林（果、草）”生态养殖模式，可以合理处理养牛过程中产生的粪尿、污水等废弃物，对粪便中生物能加以利用，让肉牛场排出的粪便污水进入沼气池，经厌氧发酵产生沼气。把沼气作为二次能源，燃料、发电供民用；沼渣作为果、林地的肥料；沼液作优质饵料用于喂鱼、虾等。果、粮的加工副产品又可作为肉牛的饲料，循环利用。

（二）模式

采用这种生态养殖，需要根据养牛规模，在养牛场配置建造不同容积的沼气池，产生的沼渣、沼液最好就近在周围的土地中利用，作为肥料施用到果园、林地、农田、菜地等。适合于周边有适当的农田、鱼塘或水生植物塘、果园、菜地的牛场。

（三）实例

湖南丘陵山区肉牛“牛沼草”养殖模式。主要内容如下。

1. 户养1群牛

每户发展能繁母牛3～5头，选择品种以西门塔尔牛或安格斯杂交牛为宜，或对本地母牛用安格斯牛改良，利用人工授精技术、同期发情技术进行繁育，生产商品肉牛。一般以放牧为主，出栏前育肥牛以舍饲为主，每头每天饲喂精料1～2千克，加喂青贮饲料。

2. 种好1片草

每户按每头334米^2（0.5亩）草地进行人工种草，利用空闲地、冬闲田种植，夏天种植桂牧一号象草、矮象草，冬天种植黑麦草。在同块地上进行套种，保证肥水充足、深耕、追肥，从而提高产量。

3. 建好1栋栏

修建面积30米^{2}左右栏舍。新建栏舍要求简单实用，坐北朝南，通风向阳，粗糙水泥地面，屋檐高3米，墙体用普通砖砌半墙。对原有栏舍进行改造，要因地制宜，保证清洁卫生，有利于肉牛健康生长和环境保护。

4. 新建1个池（青贮池）

池容积3～5米^{3}左右，长方形，三面砌墙，墙内侧铺水泥，地面铺3%～5%坡度水泥面。每年10月采用青贮、微贮技术进行草料贮备，青贮、微贮的草料切3～5厘米长，压紧密封备用。

5. 建起1个灶（沼气池和沼气灶）

沼气池容积10米^{3}左右，深度宜在3米左右，池形为圆形。修建沼气池配套成型材料（进、出料管，池盖以及输配气管件、灯、灶具等）配齐。沼气池选址最好把沼气池、牛圈、厕所三者修在一起。池体完工后，对沼气池进行检查，池体内表面应无蜂窝、麻面、裂纹、砂眼和孔隙、无渗水痕迹等明显缺陷，粉刷层不得有空壳和脱落。沼气池不能漏水漏气。将原厕所改造为管道冲洗式，地面铺瓷砖；厨房通沼气管道，安装气灶。

（四）效益分析

“牛沼草”肉牛养殖模式，使肉牛养殖效益得以提高，每户每年养牛3～5头，给农户带来的经济效益可直接增加6000元以上，调动了农民参与肉牛养殖的积极性。

第七章 肉牛疾病防治

第一节　牛场疾病综合防控

一、做好牛场的隔离卫生

（一）引种隔离

牛场应尽量做到自繁自养。从外地引进场内的种牛，要严格进行检疫。隔离饲养和观察 2～3 周，确认无病后，方可并入生产群。

（二）牛场隔离

1. 设置隔离消毒设施

生产区最好有围墙和防疫沟，并且在围墙外种植荆棘类植物，形成防疫林带，只留人员入口、饲料入口和牛的进出口，减少与外界的直接联系。牛场大门设立车辆消毒池和人员消毒室，生产区的每栋牛舍门口必须设立消毒脚盆。严禁闲人进场，如有外人来访，必须在值班室登记，把好防疫第一关。

2. 采用“全进全出”的饲养制度

“全进全出”的饲养制度是有效防止疾病传播的措施之一。“全进全出”使得牛场能够做到净场和充分消毒，切断了疾病传播的途径，从而避免患病牛或病原携带者将病原传染给幼龄牛群。

3. 进出消毒

外来车辆必须在场外经严格冲洗消毒后才能进入生活管理区。所有人员必须在更衣室沐浴、更衣、换鞋，经严格消毒后方可进入生产区。生产区的生产人员经过脚盆再次对工作鞋消毒后进入牛舍。饲料应由本场生产区外的饲料车运到饲料周转仓库，再由生产区内的车辆转运到每栋牛舍，严禁将饲料直接运入生产区内。生产区内的任何物品、工具（包括车辆），除特殊情况外，不得离开生产区。任何进入生产区的物品都必须经过严格的消毒，特别是饲料袋，应经过熏蒸消毒后才能装料，再进入生产区。场内生活区严禁饲养畜禽，尽量避免猪、狗、鸟等进入生产区。生产区内的肉食品要由场内供给，严禁从场外带入偶蹄动物的肉类及其制品。

4. 工作人员管理

全场工作人员禁止同时从事其他畜牧场的饲养、技术和屠宰贩卖工作。保证生产区与外界环境有良好的隔离状态，全面预防外界病原侵入牛场内。休假返场的生产人员必须在生活管理区隔离两天后方可进入生产区工作，肉牛场的后勤人员应尽量避免进入生产区。

（二）保持卫生

1. 保持牛舍及周围环境的卫生

及时清理牛舍的污物、污水和垃圾，定期打扫牛舍、设备、用具的灰尘，每天进行适量通风，保持牛舍清洁；不在牛舍周围和道路上堆放废弃物和垃圾。

2. 保持饲料、饲草和饮用水卫生

饲料、饲草不霉变，不被病原污染；饲喂用具要经常清洁、消毒；饮用水符合卫生标准，水质良好；饮水用具要清洁，饮水系统要定期消毒。

3. 废弃物要进行无害化处理

粪便堆放要远离牛舍，最好设置专门的储粪场，对粪便进行无害化处理，如堆积发酵、生产沼气等。不要随意出售或乱扔乱

放病死的牛，防止传播疾病。

4. 防害灭鼠

昆虫可以传播疫病，要保持牛舍内干燥和清洁，夏季使用化学杀虫剂，防止昆虫繁殖。老鼠不仅可以传播疫病，而且可以污染和消耗大量的饲料，危害极大，必须注意灭鼠。每2～3个月进行一次彻底的灭鼠。

二、加强消毒工作

消毒是采用一定方法将养殖场、交通工具和各种被污染物体中病原微生物的数量减少到最低或无害的程度。通过消毒，能够消灭环境中的病原体，切断传播途径，防止传染病的传播与蔓延。消毒是传染病预防措施中的一项重要内容。

（一）消毒的方法

1. 物理消毒法

包括机械性清扫、冲洗、加热、干燥、阳光和紫外线照射等方法。如对牛经常出入的地方、产房、培育舍，每年用喷灯进行1～2次火焰瞬间喷射消毒；人员入口处设消毒用的紫外线灯。

2. 化学消毒法

利用化学消毒剂对病原微生物污染的场地、物品等进行消毒。如通过在牛舍周围、入口、产房和牛床下撒生石灰或火碱（氢氧化钠）溶液进行消毒；将饲养器具放在密闭的室内或容器内，用甲醛等进行熏蒸；用规定浓度的新洁尔灭、有机碘混合物或煤酚的水溶液洗手，清洗工作服或胶鞋。

3. 生物热消毒法

指通过堆积发酵产生的热量来消灭一般病原体的消毒方法。

（二）消毒的程序

根据消毒的类型、对象、环境温度、病原体性质及传染病流行特点等因素，将多种消毒方法科学合理地组合而进行的消毒过程称为消毒程序。

1. 人员消毒

所有工作人员进入场区大门必须进行鞋底消毒，并经自动喷雾器进行喷雾消毒。进入生产区的人员必须淋浴、更衣、换鞋、洗手，并经紫外线照射 15 分钟。对工作服、鞋、帽等进行定期消毒（可放在1%～2%的碱水内煮沸消毒，也可按每立方米空间使用 42 毫升福尔马林熏蒸消毒 20 分钟）。严禁外来人员进入生产区。人员进入牛舍前要先踏消毒池（消毒池的消毒液每 2 天更换一次），再洗手后方可进入。工作人员在接触牛群、饲料之前必须洗手，并用消毒液浸泡消毒 3～5 分钟。病牛隔离人员和剖检人员在操作前后都要进行严格的消毒。

2. 车辆消毒

进入场门的车辆除要经过消毒池外，还必须对车身、车底盘进行高压喷雾消毒，消毒液可用 2%的过氧乙酸或 1%的灭毒威。严禁车辆（包括员工的摩托车、自行车）进入生产区。对于进入生产区的饲料车，每周彻底消毒一次。

3. 环境消毒

（1）垃圾处理消毒

生产区的垃圾实行分类堆放，并定期收集。每逢周六进行环境清理、消毒和焚烧垃圾。可用 3%的氢氧化钠溶液喷湿，在阴暗潮湿处撒生石灰。

（2）生活区、办公区消毒

对于生活区、办公区院落或门前屋后的消毒，4～10 月，每

7～10天消毒一次；11 月至次年 3 月，每半月消毒一次。可用 2%～3%的火碱（氢氧化钠）或甲醛溶液喷洒消毒。

（3）生产区的消毒

每 2～3 周对生产区道路、每栋牛舍前后消毒一次，每月对场内污水池、堆粪坑、下水道出口消毒一次。用 2%～3%的火碱（氢氧化钠）或甲醛溶液喷洒消毒。

（4）地面土壤消毒

土壤表面可用 10%的漂白粉溶液、4%的福尔马林或 10%的氢氧化钠溶液消毒。停放过芽孢杆菌所致传染病（如炭疽）病牛尸体的场所，应严格加以消毒。首先用上述漂白粉澄清液喷洒地面，然后将表层土壤掘起 30 厘米左右，撒上干漂白粉，并与土混合，将此表土妥善运出掩埋。对于其他传染病所污染的地面土壤，可先将地面翻一下，深度约 30 厘米，在翻地的同时撒上干漂白粉（用量为每平方米使用 0.5 千克），以水湿润后压平。如果放牧地区被某种病原体污染，一般利用自然因素（如阳光）来消除病原体；如果污染的面积不大，则应使用化学消毒剂消毒。

4. 废弃物消毒

（1）粪便消毒

主要采用生物热消毒法对牛的粪便进行消毒，即在距牛场 100～200 米以外的地方设一堆粪场，将牛粪堆积起来，上面覆盖 10 厘米厚的沙土，发酵 30 天左右，即可用作肥料。

（2）污水消毒

最常用的方法是将污水引入污水处理池，加入化学药品（如漂白粉或其他氯制剂）进行消毒，用量视污水量而定，一般 1 升污水使用 2～5 克漂白粉。

三、科学免疫接种

（一）免疫接种

免疫接种是给肉牛接种各种免疫制剂（疫苗、类毒素及免疫血清），使肉牛个体和群体产生对传染病的特异性免疫力。免疫接种是预防和治疗传染病的主要手段，也是使易感动物群转化为非易感动物群的惟一手段。

1. 免疫接种类型

根据免疫接种的时机不同，可分为预防接种和紧急接种两类。

（1）预防接种

预防接种是在平时为了预防某些传染病的发生和流行，有组织有计划地按免疫程序给健康牛群进行的免疫接种。预防接种常用的免疫制剂有疫苗、类毒素等。由于所用免疫制剂的品种不同，接种方法也不一样，有皮下注射、肌肉注射、皮肤刺种、口服、点眼、滴鼻、喷雾吸入等。预防接种应首先对本地区近几年来动物曾发生过的传染病流行情况进行调查了解，然后有针对性地拟定年度预防接种计划，确定免疫制剂的种类和接种时间，按所制定的各种动物免疫程序进行免疫接种。

（2）紧急接种

紧急接种是指在发生传染病时，为了迅速控制和扑灭疫病的流行，而对疫区和受威胁区尚未发病的牛只进行的应急性免疫接种。应用疫苗进行紧急接种时，必须先对牛群逐头只地进行详细的临床检查，只能对无任何临床症状的牛群进行紧急接种，对患病牛只和处于潜伏期的牛只，不能接种疫苗，应立即隔离治疗或扑杀。但应注意，在临床检查无症状而貌似健康的牛群中，必然混有一部分潜伏期的牛只，在接种疫苗后不仅得不到保护，反而促进其发病，造成一定的损失，这是一种正常的不可避免的现象。

但由于这些急性传染病潜伏期短，而疫苗接种后又能很快产生免疫力，因而发病数不久即可下降，疫情会得到控制，多数牛只得到保护。

2. 免疫程序

免疫程序是指根据一定地区、为特定动物群体制定的免疫接种计划，包括接种疫苗的类型、顺序、时间、次数、方法、时间间隔等规程和次序。肉牛免疫程序时应充分考虑当地疫病的流行情况，牛的种类、年龄，母源抗体水平和饲养管理水平，以及使用疫苗的种类、性质、免疫途径等方面的因素。免疫程序的好坏可根据肉牛的生产力和疫病发生情况来评价，科学地制定一个免疫程序必须以抗体监测为参考依据。牛主要传染病常用免疫程序如下（表 7-1）。

表 7-1　牛主要传染病常用免疫程序

免疫时间	疫苗种类	使用方法	预防疾病	免疫期
1～2 月龄	牛气肿疽灭活疫苗	皮下或肌肉注射	牛气肿疽	1 年
4～5 月龄	牛口蹄疫疫苗	皮下或肌肉注射	牛口蹄疫	6 个月
4.5～5 月龄	牛巴氏杆菌病灭活疫苗	皮下或肌肉注射	牛巴氏杆菌病	9 个月
6 月龄	牛气肿疽灭活疫苗	皮下或肌肉注射	牛气肿疽	1 年

3. 肉牛场免疫接种注意事项

（1）通过正规渠道购置品牌疫苗，严禁使用“三无”产品。

（2）接种疫苗时要做到对注射针头进行消毒，严格按照规定计量注射，疫苗注射时要晃动摇匀。

（3）疫苗接种要建立接种档案，详细记录每头牛的接种时间、疫苗种类、疫苗生产厂家，以便更好地按接种程序进行免疫接种。

（二）检疫

检疫在牛场引进牛只过程中有着至关重要的地位，是防控输入性疫病侵袭的关键环节。首先，引种部门在引种前需要安排工作人员前往牛只输出地申请检疫审批，由当地相关部门指派专人进行产地检疫。对输出地进行疾病调查，其中包括疫病的种类、所威胁区域、发病时间和疫病流行特点等，以及牛场中的卫生防疫制度、使用的消毒药物种类和牛只免疫情况等。对于需要引进的牛只，在运输前 15～30 天，需要在本场进行隔离检疫。同时了解该群牛只在 6 个月以内的疾病发生情况。如果产地检疫过程中发现了一类动物疫病以及炭疽、口蹄疫或布鲁氏菌病等危害严重的疫病，要立即停止引种进程。并且查看调出牛的免疫档案以及生产资料；随后对引进牛群进行个体检疫，引进单位和个人有责任监督输出单位是否按照标准的技术操作规范进行检疫，并在查证检疫合格证明后准予运输。

在肉牛引进的运输过程中，要保证运输车辆的清洁卫生，并充分消毒。运输车辆不可以经过疫区，并要避免在疫区的车站和港口等处装填料草和饮水等，运输过程中一旦有牛只出现异常情况，需要立即与当地动物防疫机构联系，按照相关规定进行处理，切忌为了眼前的利益而坚持运送患病动物的行为。待引进牛群到达目的地以后，需要隔离检疫 15～30 天。在运输前及落地进场后有必要进行多发病疫苗注射，此项环节能够有效的避免输入性疫病传入养殖场，因此也是检疫过程中的关键。

在隔离检疫的过程中，要保证良好的饲养管理，确保隔离区域有足够的饲料和水源，并且要保持环境的卫生清洁。隔离观察期间，群体检疫和个体检疫都是必不可少的环节。由于牛群到达新环境后可能会出现不适应的情况，加之运输过程中可能发生的应激反应，很容易出现暴躁和打斗的情况，养殖人员要将之与疾病进行区分并加强护理。部分疫病的检疫需要实验室诊断技术，采集血液、病变组织和鼻拭子以及异常的分泌物和排泄物等进行诊断。经过入场检疫确认健康的牛群，才能够继续饲养。

第二节　肉牛常见传染性病

一、炭疽

炭疽是由炭疽杆菌引起人畜共患的一种急性、热性、败血性传染病，多呈散发或地方流行性，以脾脏显著肿大、皮和浆膜下结缔组织出血性胶样浸润、血液凝固不良及尸僵不全为特征。

（一）临床症状

1. 最急性型

病牛表现为突然发病，体温升高，行走摇摆或站立不动，也有的突然倒地，出现昏迷、呼吸极度困难的现象，可视黏膜呈蓝紫色，口吐白沫、全身战栗。濒死期牛的鼻孔、口腔、肛门等天然孔出血，病程很短，出现症状后数小时即可死亡。

2. 急性型

最常见的一种类型。病牛的体温急剧上升到 42℃，精神不振，食欲减退或废绝，呼吸困难，可视黏膜呈蓝紫色或有小出血点。初便秘，后腹泻带血，有时腹痛，尿呈暗红色，有时混有血液。妊娠牛可发生流产，严重者兴奋不安、惊慌哞叫，口和鼻腔往往有红色泡沫流出。濒死期的病牛体温急剧下降，呼吸极度困难，在 1～2 天后因窒息而死。

3. 亚急性型

病状与急性型相似，但病程较长，2～5 天。病情较缓和，牛的喉、胸前、腹下、乳房等部位的皮肤及直肠、口腔黏膜发生炭疽痈，初期呈硬的团块状，有热痛，以后热痛消失，可发生溃疡或坏死。

（二）防治方法

经常发生炭疽及受威胁的地区，每年秋季应做无毒炭疽芽孢苗或二号炭疽芽孢苗的预防接种（春季给新生牛补种），可获得1年以上的免疫力。

牛发病后采取的措施：一是封锁处理。该病发生后，应立即对牛群进行检查，隔离病牛，并立即给予预防治疗。同群牛应用免疫血清进行预防接种，1～2天后再接种疫苗，对于假定健康的牛，应进行紧急预防接种。在最后一头病牛死亡或痊愈后，经过15天，到疫苗接种反应结束时，方可解除封锁。二是彻底消毒。对病牛污染的牛舍、用具及地面应彻底消毒。将病牛躺卧过的地面的表土除去15～20厘米，取下的土与20%的漂白粉溶液混合后再行深埋。如是水泥地面，则用20%的漂白粉消毒。被污染的饲料、垫草及牛的粪便应烧毁。病牛的尸体不能解剖，应全部焚烧或深埋，且不能浅于2米。尸体底部表面应撒上一层厚厚的漂白粉。凡和尸体接触过的车辆、用具都应彻底消毒。工作人员在处理尸体时，必须戴上手套，穿上胶靴和工作服，且用后立即消毒。凡手和体表有伤口的人员，不得接触病牛和尸体。疫区内禁止闲杂人员、动物随便进出，禁止输出牛产品和饲料，禁止食用病牛肉。三是药物治疗。抗炭疽血清是治疗炭疽的特效药，成年牛每次皮下注射或静脉注射100～300毫升，犊牛每次使用30～60毫升，必要时，12小时后再注射一次。或使用磺胺嘧啶，定时、足量进行肌内注射，按每千克体重0.05～0.10克，分3次进行肌内注射。第一次用量加倍。或使用水剂青霉素80万～120万单位，每天进行2次肌内注射，随后用油剂青霉素120万～240万单位，每天进行1次肌内注射，连用3天。如果是体表炭疽痈，可使用普鲁卡因青霉素，在肿胀部位周围分点注射。

二、牛口蹄疫

牛口蹄疫是由口蹄疫病毒引起的一种急性、热性、高度接触性传染病，其特征是在牛的口腔黏膜、蹄部及乳房上发生水泡和烂斑。

（一）临床症状

由于易感动物不同，毒力不同、侵入方式不同，潜伏期和症状也不完全一样，牛的潜伏期平均2～4天最长约1周左右。体温40～41 ℃精神萎靡，食欲减退，流涎，1～2天后，在舌面，唇内面、眼和颊部黏膜发生蚕豆至核桃大的水泡，口温高，此时口角流涎增多，呈白色泡沫状，挂满嘴角，采食反刍完全停止，水泡经一昼夜破溃后形成浅表的边缘整齐的红色烂斑，常常是水泡破溃后体温降至正常，糜烂逐渐愈合；口腔变化的同时，在趾间及蹄冠的皮肤表现为红、肿、痛并发生水泡，很快破溃，形成烂斑，结痂，愈合也较快，饲养管理不当则化脓、坏死。牛表现站立不稳，行走跛行，少数严重的甚至蹄匣脱落；乳房皮肤可出现水泡，很快破溃形成烂斑。

（二）防治方法

认真作好早期的预防接种，免疫时应先弄清当时当地或邻近地区流行的本病毒的毒型，根据毒型选用弱毒苗或灭活苗。康复血清或高免血清可用于疫区和受威胁的家畜，特别是控制疫情，保护幼畜。

如果已经发生疫情，应根据我国有关条例，立即上报有关部门，采取紧急扑灭措施，由发病所在地县级以上政府发布“封锁令”，对疫点、疫区实行封锁，严禁人畜来往；扑杀、销毁病畜及其同群畜，消灭疫源；组织消毒工作，对畜舍及污染环境随时进行消毒和扑灭疫情的大消毒；进行病毒分离鉴定，确定毒型，用相应疫苗对易感牛群进行紧急免疫接种。封锁区最后一只病牛死亡、急宰或痊愈后14天，经过全面彻底消毒，方可解除封锁。消毒时可用2%氢氧化钠、2%福尔马林或20%～30%的热草木灰水、5%～10%氨水等。

三、牛白血病

牛白血病是牛的一种慢性肿瘤性疾病，其特征为淋巴样细胞恶性增生、进行性恶病质和高度病死率。

（一）临床症状

该病有亚临床型和临床型两种表现。亚临床型无瘤的形成，其特点是淋巴细胞增生，可持续多年或终身，对牛的健康状况没有任何影响。这样的牛有可能进一步发展为临床型。此时的病牛生长缓慢，体重减轻，体温一般正常，有时略为升高。从体表或经直肠可摸到某些淋巴结呈一侧或对称性增大。腮淋巴结或股前淋巴结常显著增大，触摸时可移动。如一侧肩前淋巴结增大，病牛的头颈可向对侧偏斜；眶后淋巴结增大，可引起眼球突出。

（二）防治方法

以严格检疫、淘汰阳性牛为中心，采取定期消毒、驱除吸血昆虫，杜绝因手术、注射可能引起的交互传染等在内的综合性措施。无病地区应严格防止引入病牛和带毒牛。对于引进的新牛，必须认真检疫，发现阳性牛，立即淘汰，但不得出售。阴性牛也必须隔离3～6个月及以上方能混群。每年应对疫场进行3～4次临床、血液和血清学检查，不断剔除阳性牛。对于感染不严重的牛群，可借此净化牛群。如感染牛较多或牛群长期处于感染状态，应采取全群扑杀的坚决措施。

四、牛沙门菌病

牛沙门菌病（又称牛副伤寒）以牛败血症、毒血症或胃肠炎、腹泻、妊娠牛流产为特征，在世界各地均有发生。病牛和带菌牛是该病的传染源。通过消化道和呼吸道感染，亦可通过病牛与健康牛的交配或病牛精液人工授精而感染。

（一）临床症状

主要症状是下痢。犊牛呈流行性发生，成年牛呈散发性。该病的潜伏期因各种发病因素不同而不同。

1. 犊牛沙门菌病

病程可分为最急性、急性和慢性。最急性型表现为菌血症或毒血症症状，其他症状不明显。病牛发病2～3天便死亡。急性型体温升高到40～41℃，精神沉郁，食欲减退，继而出现胃肠炎症状，排出黄色或灰黄色、混有血液或伪膜的有恶臭味的糊状或液体粪便，有时表现出咳嗽和呼吸困难。慢性型除有急性型的个别表现外，可见关节肿大或耳朵、尾部、蹄部发生贫血性坏死，病程为数周至3个月。

2. 成年牛沙门菌病

多见于1～3岁的牛，病牛体温升高到40～41℃，表现为沉郁、减食、减奶、咳嗽、呼吸困难、结膜炎、下痢。粪便带血和纤维素絮片，恶臭。病牛因脱水而消瘦，有跗关节炎、腹痛症状。母牛会发生流产。病程一般为1～5天，病死率为30%～50%。成年牛有时呈顿挫型经过，病牛发热、不食、精神委顿，泌乳量下降，但经过24小时左右，这些症状即可减退。

（二）防治方法

加强牛的饲养管理，保持牛舍清洁，定期进行消毒；犊牛出生后，应吃足初乳，注意产房的卫生和保暖；免疫接种。沙门菌灭活苗的免疫力不如活菌苗的免疫力。对于妊娠母牛，采用都柏林沙门菌活菌苗接种，可保护数周龄以内的犊牛，还能使感染的犊牛减少粪便排菌。

发现病牛应及时隔离、治疗，可使用庆大霉素、氨苄青霉素和喹诺酮类等抗菌药物。氨苄青霉素钠：犊牛按每千克体重4～10毫克口服。牛按每千克体重2～7毫克肌内注射，每天1～2次。

五、牛布氏杆菌病

布氏杆菌病是由布鲁氏杆菌引起的人畜共患的一种慢性传染病，其特征主要是侵害生殖系统，妊娠母畜发生流产、公畜发生睾丸炎，人的发病症状与动物相似并伴有关节炎、波浪热等。

（一）临床症状

该病传播途径主要是消化道，其次是经皮肤感染，吸血昆虫可以传播本病，也可通过呼吸道和交配而感染。最危险的传染源是受感染的妊娠母畜，其流产后的胎儿、阴道分泌物以及乳汁中都含有布氏杆菌。潜伏期一般2周至6个月，母牛最显著的症状是流产，通常发生在怀孕后的5～7个月。流产前一般体温不高，外阴和阴道黏膜潮红肿胀，流出淡褐色或黄红色黏液，乳房肿胀，继而流产；胎儿多为死胎，过半患牛发生胎衣停滞或子宫内膜炎，常继续排出污灰色或棕红色分泌液，有时恶臭，分泌物至1～2周后消失；有关节炎和跛行。大多数初产牛流产较多，再配种后则能正常分娩，但也有连续几胎流产。

（二）防治方法

应当着重体现“预防为主”的原则。牛群一年一次布氏杆菌病的监测，对流产母牛和胎儿进行诊断性监测，一经发现，即应淘汰，流产胎儿及胎衣要无害化处理，不能随意丢弃，母牛生活及污染过的地方要严格消毒。消灭布氏杆菌病的措施是定时检疫监测、引进畜时隔离检疫、控制传染源、切断传播途径、培养健康牛群及主动免疫接种。该病流行地区，定期检疫监测和疫苗免疫接种是预防和控制本病的最有效措施。消毒药液可用3%石炭酸、3%来苏儿及3%克辽林等。

六、牛巴氏杆菌病

牛巴氏杆菌病是一种由多杀性巴氏杆菌引起的急性、热性传染病，又称出血性败血症。常以高温、肺炎及内脏器官广泛性出血为特征。该病多见于犊牛。

（一）临床症状

病初体温升高，可达41℃以上。鼻镜干燥，结膜潮红，食欲和反刍减退，脉搏加快，精神委顿，被毛粗乱，肌肉震颤。有的牛呼吸困难，痛苦咳嗽，流泡沫样鼻涕，呼吸音加强，并有水泡音。有些病牛先便秘后腹泻，粪便带血或黏液。

（二）防治方法

对以往发生该病的地区和该病流行时，应定期或随时注射牛出血性败血症氢氧化铝菌苗。体重在100千克以下者，皮下注射4毫升；体重在100千克以上者，皮下注射6毫升。

对刚发病的牛，静脉注射痊愈牛的全血500毫升，同时，将8～15克四环素溶解在1000～2000毫升5%的葡萄糖溶液中静脉注射，每天1次。将普鲁卡因、青霉素300～600万单位，双氢链霉素5～10克同时肌内注射，每天1～2次。强心剂可用20%的安钠咖注射液20毫升，每天肌内注射2次。重症者可用硫酸庆大霉素80万单位，每天肌内注射2～3次。保护胃肠可用碱式硝酸铋30克和磺胺脒30克，每天内服3次。

七、牛传染性鼻气管炎

牛传染性鼻气管炎又称坏死性鼻炎、“红鼻子病”、是由牛传染性鼻气管炎病毒（IBRV）引起牛的一种急性、热性、接触性传染病。秋、冬季发病率高于春、夏季，多为散发，当饲养管理不当，通风不畅，卫生条件差，罹患其他疾病或使用大量皮质类固醇药物等，均可成为本病发生的诱因。

（一）临床症状

临床上分为呼吸道型、生殖道型、结膜炎型、脑膜炎型 4 种，其中呼吸系型为最主要的常见的一种。

1. 呼吸道型

自然发病的潜伏期为 4～6 天。通常冬季发病较多，初发时高热 39.5～42.0 ℃，病牛极度沉郁，拒食，有多量粘液鼻黏溃疡，有结膜炎及流泪，鼻窦及鼻镜极度充血、潮红，所以称“红鼻子”。呼吸道常因炎性渗出物阻塞而发生呼吸困难，呈张口呼吸，呼吸次数快而浅表，常伴发疼痛性咳嗽。

2. 生殖道型

主要发生于青年母牛，又称为传染性脓疱外阴一阴道炎。潜伏期 1～3 天，可发生于母牛及公牛。病初轻度发热，精神沉郁，废食，频频排尿，有疼痛感。严重时，尾巴常向上竖起，阴门水肿，阴门下联合处流出大量粘液，呈线条状，污染附近皮肤。阴道发炎、充血，其底面上有多量粘稠无臭的粘液性分泌物。

3. 结膜炎型

本病毒对黏膜有亲嗜性。常可引起角膜炎和结膜炎，但一般不形成溃疡。临床上多数该型患病牛缺乏明显的全身反应，主要表现为结膜充血、水肿，表面形成灰色的颗粒状坏死浊，眼和鼻流浆液性或脓性的分泌物。该病型有时会和呼吸道感染型同时出现，很少引起死亡。

4. 脑炎型

多发于犊牛，表现脑炎症状，体温升高至 40 ℃以上，出现神经症状，病犊吼叫，乱跑乱撞，转圈，共济失调，阵发性痉挛，倒地抽搐，流涎，流鼻涕，食欲废绝，排出黑色恶臭粪便，有时带血，最终倒地，呈角弓反张，磨牙，四肢划动。病程短促，多归于死亡，病死率可达 50%以上。

（二）防治方法

目前，此病尚无特殊药物和疗法，临床上只能预防为主，发生本病，只能是对症治疗，并加强护理，提高机体自身免疫功能。加强饲养管理，维护牛机体健康，日粮保持平衡，满足营养需要加强饲草料的保管，防止饲草料发霉变质，保证饲料饮水清洁卫生，严禁饲喂有毒饲草料。定期对牛只进行免疫接种。目前常用来防止此病的疫苗有灭活苗、弱毒苗、亚单位疫苗和基因缺失（标记）疫苗。

八、犊牛大肠杆菌病

犊牛大肠杆菌病（又称犊牛白痢）是由一定血清型的大肠杆菌引起的一种急性传染病。该病特征为败血症和严重的腹泻、脱水，引起幼牛大量死亡或发育不良。犊牛大肠杆菌的病因复杂，往往是由大肠杆菌和轮状病毒、冠状病毒等多种致病因素引起的。传染源主要是病牛和能排出致病性大肠杆菌的带菌牛，通过消化道、脐带或产道传播，多见于 2～3 周的犊牛。该病多发生在冬春季节。

（一）临床症状

以腹泻为特征，具体分为败血型、肠毒血型和肠炎型。

败血型大肠杆菌病的表现是：精神沉郁，食欲减退或废绝，心跳加快，黏膜出血，关节肿痛，有肺炎或脑炎症状，体温达40℃，腹泻；大便由浅黄色粥样变为浅灰色水样，混有凝血块、血丝和气泡，有恶臭；病初排粪用力，后变为自由流出，污染牛的后躯；最后，牛高度衰弱，卧地不起，急性在24～96小时死亡，死亡率高达80%～100%。

肠毒血型大肠杆菌病的表现是：病程短促，一般最急性2～6小时便死亡。

肠炎型大肠杆菌病的表现是：多发生于10日龄内的犊牛，出现腹泻，排泄物先是白色，后变为黄色的带血便，后躯和尾巴沾满粪便，有恶臭，病牛消瘦、虚弱，3～5天便因脱水而死亡。

（二）防治方法

母牛进入产房前，对产房及临产母牛要进行彻底的消毒；产前3～5天，对母牛的乳房及腹部皮肤用0.1%的高锰酸钾擦拭，哺乳前应再重复一次。犊牛出生后，立即喂服地衣芽孢杆菌，每次喂2～5克，每天喂3次。或喂乳酸菌素片，每次喂6粒，每天喂2次，可获得良好的预防效果。

发病后的治疗原则为抗菌、补液、调节胃肠机能。抗菌采用新霉素，用量为每千克体重0.05克，每天给犊牛肌内注射1克，给犊牛口服200～500毫克，每天2～3次，连用5天，可使犊牛在8周内不发病。金霉素粉用量为每千克体重30～50毫克，每天2～3次。补液主要是通过静脉输入的方式，给犊牛输入复方氯化钠溶液、生理盐水或葡萄糖盐水2000～6000毫升，必要时还可加入碳酸氢钠、乳酸钠等，以防酸中毒。调节胃肠机能主要是在病初，当犊牛体质尚强壮时，应先投予盐类泻剂，使胃肠道内含有大量病原菌及毒素的内容物及早排出。此后，可再投予各种收敛和健胃剂。

九、牛恶性卡他热

牛恶性卡他热（又称恶性头卡他或坏疽性鼻卡他）是由恶性卡他热病毒引起的一种急性、热性、非接触性传染病。

（一）临床症状

该病自然感染平均潜伏期为3～8周，人工感染平均潜伏期为14～90天。病初高热（40～42℃），精神沉郁。在发病的第1天末或第2天，眼、口及鼻黏膜发生病变。该病在临床上分为头眼型、肠型、皮肤型和混合型。

1. 头眼型

眼结膜发炎，畏光、流泪，后角膜混浊，眼球萎缩、溃疡及失明。鼻腔、喉头、气管、支气管及颌窦卡他性及伪膜性炎症，呼吸困难，炎症可蔓延到鼻窦、额窦、角窦，角根发热，严重者两角脱落。鼻镜及鼻黏膜先充血，后坏死、糜烂、结痂。口腔黏膜潮红、肿胀，出现灰白色丘疹或糜烂。牛的病死率较高。

2. 肠型

先便秘后下痢，粪便带血、恶臭。口腔黏膜充血，常在唇、齿龈、硬腭等部位出现伪膜，脱落后形成糜烂及溃疡。

3. 皮肤型

颈部、肩胛部、背部、乳房、阴囊等处的皮肤出现丘疹、水疱，结痂后脱落，有时形成脓肿。

4. 混合型

该类型的病比较多见。病牛同时有头眼症状、胃肠炎症状及皮肤丘疹等。有的病牛出现脑炎症状。病牛一般经5～14天死亡，病死率达60％。

（二）防治方法

加强饲养管理，增强牛抵抗力，注意栏舍的卫生。发现病牛后，按《中华人民共和国动物防疫法》及有关规定，采取严格的控制、扑灭措施，防止扩散。对病牛应隔离扑杀，对污染场所及用具等进行严格的消毒。

十、牛传染性胸膜肺炎

牛传染性胸膜肺炎（又称牛肺疫）是由丝状支原体丝状亚种引起的一种高度接触性传染病，以渗出性纤维素性肺炎和浆液纤维素性胸膜肺炎为特征。

（一）临床症状

自然感染，潜伏期为 2～4 周，最短的是 7 天，最长的达 8 个月。

1. 急性

牛在病初的体温高达 40～42℃，呈稽留热型。病牛的鼻翼开放，呼吸急促而浅，呈腹式呼吸和痛性短咳。因胸部疼痛而不愿行走或卧下，肋间下陷，呼气长、吸气短。叩诊胸部，患侧发浊音，并有痛感。听诊肺部，有湿性啰音，肺泡音减弱或消失。有胸膜炎发生时，可听到摩擦音。病牛后期心脏衰弱，有时因胸腔积液，只能听到微弱心音，甚至听不到。重症可见前胸下部及肉垂水肿，尿量少且尿比重增加，便秘和腹泻交替发生。病牛体况衰弱，眼球下陷，呼吸极度困难，体温下降，最后窒息死亡。急性病例病程为 15～30 天，最终死亡。

2. 慢性

病例多由急性转来，也有开始即为慢性经过的。病牛除体况瘦弱外，多数症状不明显，偶发干性咳嗽，听诊胸部，可能有不大的浊音区。病牛在良好的饲养管理条件下，症状缓解，逐渐恢复正常。少数病例因病变区域较大、饲养管理条件改变或劳役过度等，易引起恶化，预后不良。

(二) 防治方法

对疫区和受威胁区的6月龄以上的牛，必须每年接种1次牛肺疫兔化弱毒菌苗。不从疫区引进牛。

发现病牛或可疑病牛，要尽快确诊，上报疫情，划定疫点、疫区和受威胁区。对疫区实行封锁，按照《中华人民共和国动物防疫法》规定，采取紧急、强制性的控制和扑灭措施。扑杀患病牛；对同群牛隔离观察，进行预防性治疗；对栏舍、场地和饲养工具、用具进行彻底消毒；对污水、污物、粪尿等严格进行无害化处理。严格执行封锁疫区的各项规定。

第三节 肉牛常见寄生虫病

一、弓形虫病

牛弓形虫病是由弓形虫原虫引起的人畜共患疾病。弓形虫的发病季节十分明显，多发生在每年的6月。

(一) 临床症状

突然发病，最急性者约36小时死亡。病牛食欲废绝，反刍停止。粪便干、黑，外附黏液和血液。流涎，有结膜炎、流泪现象。体温升高至40～41.5℃，呈稽留热。每分钟脉搏跳动120次，每分钟呼吸达80次以上，气喘，伴腹式呼吸，咳嗽。肌肉震颤，腰和四肢僵硬，步态不稳，共济失调。严重者，后肢麻痹，卧地不起。腹下、四肢内侧出现紫红色斑块，体躯下部水肿。病牛在死前表现为兴奋不安，吐白沫，窒息。病情较轻者虽能康复，但见发生流产。病程较长者可见神经症状，如昏睡、四肢划动，有的出现耳尖坏死或脱落，最后死亡。

（二）防控措施

坚持兽医防疫制度，保持牛舍、运动场的卫生。经常清除粪便，粪便经过堆积发酵后再施用。开展灭鼠行动，禁止养猫。对于已发生过弓形虫病的牛场，应定期进行血清学检查，及时检出隐性感染牛，并进行严格控制、隔离饲养，用磺胺类药物连续治疗，直到病牛完全康复为止。当发生流行弓形虫病时，对于全群的牛，可考虑用药物预防。

二、绦虫病

牛绦虫病是由寄生在人体小肠的牛绦虫引起的寄生虫病，临床上以腹痛、腹泻，食欲异常，神疲乏力及大便排出绦虫节片为主症。

（一）临床症状

莫尼茨绦虫主要感染出生后数月的犊牛，以6～7月发病最为严重。曲子宫绦虫可感染各种牛。无卵黄腺绦虫常感染成年牛。牛被严重感染时，表现为精神不振、腹泻，粪便中混有成熟的节片。病牛迅速消瘦、贫血，有时还出现痉挛或回旋运动，最后死亡。

（二）防控措施

病牛粪便集中处理后可作为肥料，采用翻耕土地、更新牧地等方法消灭地螨。如有病牛感染，可用硫酸二氯酚按每千克体重30～40毫克，一次口服；或阿苯达唑按每千克体重7.5毫克，一次口服。

三、牛囊尾蚴病

牛囊尾蚴病是由寄生于牛的肌肉组织中的牛带绦虫的幼虫——牛囊尾蚴引起的，是人畜共患的寄生虫病。

（一）临床症状

一般不出现症状，当牛受到严重感染时才表现出症状。发病初期可见体温升高，虚弱、腹泻，反刍减少或停止，呼吸困难，心跳加快等，可引起死亡。

（二）防控措施

建立健全卫生检验制度和法规，要求做到检验认真、严格处理，不让牛吃到病牛粪便污染的饲料和饮用水，不让人吃到病牛肉。该病治疗比较困难，建议试用阿苯达唑。

四、肝片形吸虫病

肝片形吸虫病是由肝片形吸虫或大片形吸虫引起的一种寄生虫病。临床表现为营养障碍和中毒所引起的慢性消瘦和衰竭，病理特征是慢性胆管炎及肝炎。

（一）临床症状

该病一般发生在牛生食水生植物后2～3个月，可有高热，体温为38～40℃，持续1～2周，甚至长达8周以上，并有食欲缺乏、乏力、恶心、呕吐、腹胀和腹泻等症状。数月或数年后，可出现肝内胆管炎或阻塞性黄疸。慢性症状常发生在成年牛中，主要表现为贫血、黏膜苍白、眼睑及体躯下垂部位发生水肿，被毛粗乱、无光泽，食欲减退或消失，消瘦，有肠炎。

（二）防治方法

要定期驱虫。因该病常发生于10月至第二年5月，所以在春秋季进行两次驱虫是防治的必要环节。这样既能杀死当年感染的幼虫和成虫，又能杀灭由越冬蚴感染的成虫。硝氯酚用法：病牛按每千克体重3～4毫克，将粉剂混到料中喂服或水瓶灌服，不用禁食。病牛的粪便要处理好。把平时和驱虫时病牛排出的粪便收集起来，堆积发酵，杀灭虫卵；消灭实螺。配合农田水利建设，填平低洼水潭，杜绝椎实螺栖息。放牧时，防止牛在低洼地、沼泽地饮水和食草。

发病后的首选药物是硫双二氯酚（别丁），其用法为：每千克体重用量为50毫克，分3次服用，隔天服用，15天为1个疗程。或使用依米丁（吐根碱），其用法为：每千克体重用量为1毫克，采用肌内注射或皮下注射，每天1次，10天为1个疗程。该药对消除感染、减轻症状有效，但可引起心脏、肝脏、胃肠道及神经肌肉的毒性反应，需在严格的医学监督下使用，每次用药前检查腱反射、血压、心电图，并卧床休息。或使用三氯苯咪唑，其用法为：每千克体重用量为12毫克，顿服；或第1天按每千克体重5毫克、第2天按每千克体重10毫克的标准服用，顿服。可能出现继发性胆管炎，可用抗生素治疗。

五、牛球虫病

牛球虫病是由寄生于牛肠道的艾美耳属的几种球虫引起的以急性肠炎、血痢等为特征的寄生虫病。牛球虫病在犊牛中多发。

（一）临床症状

潜伏期为2～3周，犊牛一般为急性经过，病程为10～15天。当牛球虫寄生在大肠内时，大量肠黏膜上皮破坏、脱落，黏膜出血并形成溃疡。在临床上表现为出血性肠炎、腹痛，血便中常带有黏膜碎片。约1周后，因肠黏膜破坏而造成细菌继发感染时，病牛的体温可升高到40～41℃，前胃迟缓，肠蠕动增强、下痢，多因体液过度消耗而死亡。慢性病例则表现为长期下痢、贫血，最终因极度消瘦而死亡。

（二）防治方法

犊牛与成年牛分群饲养，以免球虫卵囊污染犊牛的饲料。在哺乳前，要将被粪便污染的母牛乳房清洗干净。舍饲牛的粪便和垫草需集中消毒或进行生物热堆肥发酵，在发病时对牛舍、饲槽消毒，每周消毒1次。添加药物预防，如将氨丙啉按0.004％～0.008％添加到牛的饲料或饮用水中；或每千克饲料添加0.3克莫能霉素，既能预防球虫病，又能提高饲料报酬。

发病后药物治疗的方法：氨丙啉按每千克体重使用20～50毫克，一次性内服，连用5～6天；盐霉素按每天每千克体重使用2毫克，连用7天。

六、消化道线虫病

牛消化道线虫病是指由寄生在牛消化道中的毛圆科、毛线科、钩口科和圆形科的多种线虫引起的寄生虫病。这些虫体寄生在牛的真胃、小肠和大肠中，在一般情况下多呈混合感染。

（一）临床症状

各类线虫病的共同症状主要表现为明显的持续性腹泻，排出带黏液和血的粪便。幼牛发育受阻，有进行性贫血、严重消瘦、下颌水肿、神经症状，最后虚脱而死亡。

（二）防治方法

改善饲养管理，合理补充精饲料，进行全价饲养，以增强机体的抗病能力。牛舍要通风干燥，加强粪便管理，防止污染饲料及水源。牛粪应放置在远离牛舍的固定地点，进行堆肥发酵，以消灭虫卵和幼虫。

牛发病后，常用以下两种药物治疗。敌百虫用法：每千克体重用药0.04～0.08克，配成2%～3%的水溶液，灌服。伊维菌素注射液用法：每50克体重用药1毫升，采用皮下注射，不允许采用肌内注射或静脉注射，注射部位是肩前、肩后或颈部皮肤松弛的部位。

第四节　肉牛常见普通病

一、腐蹄病

牛蹄间皮肤和软组织具有腐败、恶臭特征的疾病总称为腐蹄病。

（一）临床症状

病牛喜爬卧，站立时患肢负重不实或各肢交替负重，行走时跛行。蹄间和蹄冠皮肤充血、红肿，蹄间溃烂，有恶臭分泌物，有的蹄间有不良肉芽增生。蹄底角质部呈黑色，使用叩诊锤或手压蹄部时出现痛感。有的出现角质溶解、蹄真皮过度增生，肉芽凸出于蹄底。严重时，体温升高，食欲减少，严重跛行，甚至卧地不起，消瘦。用刀切削扩创后，蹄底的小孔或大洞即有污黑的臭水流出，趾间有溃疡面，上面覆盖着恶臭的坏死物，重者蹄冠红肿，痛感明显。

（二）防治方法

药物对腐蹄病无临床效果，预防和控制该病最有效的措施是接种疫苗。此外，圈舍应勤扫勤垫，防止泥泞，运动场要干燥，设有遮阴棚。

牛发病后，每天的草料中要补充锌和铜，每头牛每千克体重补喂硫酸铜、硫酸锌各 45 毫克。如钙、磷失调，缺钙则补骨粉，缺磷则加喂麸皮。用 10％的硫酸铜溶液浴蹄 2～5 分钟，间隔 1 周，再进行 1 次，效果极佳。

二、瘤胃臌胀

瘤胃臌胀俗称胀肚，是反刍动物采食了大量易发酵饲料，在瘤胃、网胃内发酵，短期聚集大量气体而牛又不能嗳气所致，使瘤胃迅速扩张。临床上以呼吸困难、腹围急剧膨大，触至瘤胃紧张富有弹性为特征。

（一）临床症状

急性瘤胃臌气，发病急，腹胀增大迅速，左肷窝部尤其明显，常在采食后不久或采食过程中发病。病牛弓背呆立，并有回顾腹部、不安等腹部疼痛症候；左肷凸起，超过背脊之上，叩诊为鼓音，听诊初期尚可听到蠕动音，后期完全消失，偶有金属音。病初频频努责，排泄少量稀软粪便。随臌气发展，病情迅速恶化，呼吸高度困难，黏膜发绀，体表静脉淤血怒张，脉搏细弱，心跳每分钟达 120 次以上，不安惊惧，眼球突出，出冷汗，站立不稳，突然倒地死亡。继发性瘤胃膨气，病状时好时坏。慢性瘤胃臌气（经常反复发生），大多数是某些疾病的一种症候表现，常因慢性创伤性网胃炎，前胃内有毛球及其他异物等而引起。其他如皱胃炎、慢性肠炎、慢性前胃弛缓、纵隔淋巴结结核病、消化器官或附近组织的肿瘤等也能引发此病。

（二）防治方法

1. 预防

避免在清晨的露水或下霜牧草地放牧，防止牲畜短时间内过多地采食青嫩豆科草及薯块、甜菜等块茎饲料，杜绝饲喂发霉腐败饲料。切实做好牛的饲料配比与搅拌均匀，饲料配方不轻易变更，如果要更换饲料，应有 5 天左右的适应期和缓冲期。采用野草喂牛，要检查有无毒草，如野草毒芹、毛茛等。防止用霉烂变质饲料喂牛。饲养管理制度化，并防止牛逃出围栏偷吃而发病。总之制订正确的饲养制度、饲料的配比是预防本病的关键。

2. 治疗

治疗原则是促进瘤胃排气、缓泻止酵、解毒补液、恢复瘤胃功能，继发性的则要首先消除病因。

（1）排气减压。促进瘤胃气体排出，如牵引作上坡运动、插入胃管排气、瘤胃穿刺放气。把导管经食管插入瘤胃，使气体由导管排出。要掌握排气速度，切忌放气速度太快。也可用套管针头排气。在腹部左侧隆起最高处，剪毛、消毒，将套管针刺入瘤胃后再取出套管针针芯，气体由套管排出，缓慢排气，排气过快会发生死牛现象。放气后 0.5 小时可口服或从套管针注入止酵药物。当呼吸极度困难，情况紧急时，可从套管针向瘤胃内注射来苏儿或甲醛 20～30 毫升（加水适量），以制止继续发酵产气。为促进瘤胃内游离气体排出，可用植物油 250 毫升，内服。病情较轻时，用木棒消气法可获得较好的治疗效果。具体方法是，用 1 根木棒（长 30 厘米），压在牛的口腔内，木棒两端露出口角，两侧用细绳拴在牛角上，并在木棒上涂抹食盐之类有味的的东西，利用牛张口、舔木棒动作，帮助胃内气体逐渐排出。

某些瘤胃臌气病畜（常见于突然大量采食紫花苜蓿等青嫩豆科牧草），瘤胃内发酵分解产生的小气泡常附着在草渣上，不浮升到瘤胃上部融合成大的膨气层，造成所谓泡沫性瘤胃膨气，对这种膨气类型作瘤胃穿刺放气，治疗效果不大明显，消泡剂（聚合甲基硅油）30～60 片或 2%二甲基硅煤油溶液 150～200 毫升或二甲基硅油 20～25 克（加水适量），灌服。

（2）制止发酵产气。常用药物如来苏儿或克辽林（10～25 毫升），溶于 200～1000 毫升水中，一次内服。用鱼石脂 15～20 克、酒精 50 毫升、松节油 30～60 毫升加水 500 毫升，混匀后一次灌服，对泡沫性和非泡沫性膨胀都有良好疗效。

（3）缓泻。要内容物加速排泄，灌服泻剂。硫酸镁 500～800 克或人工盐 500～800 克或液体石蜡油 1000～2 000 毫升，松节油 30～40 毫升，加水适量，1 次灌服。

（4）兴奋瘤胃神经机能。强心补液，具体治疗可参考前胃弛缓。

三、食道梗塞（阻塞）

牛因吞食较大块根类饲料（甘薯、胡萝卜、甜菜等）堵塞食道而发病，临床以突热发生吞咽障碍为特征。

（一）临床症状

病牛咽下困难、流涎、瘤胃酸胀，常突然发病，有时梗塞在颈部食道时，可在颈部左侧见到硬块，食道前部阻塞可以在颈侧摸到，而胸部阻塞可从食道积满唾液的波动感触摸诊断食道梗塞应与食道麻痹区别，食道麻痹时，食道内有食物但触诊食道无疼痛，亦无逆蠕动；与瘤胃臌胀区别，单纯酸胀，插胃导管容易，而且插入导管后臌气随即减轻；与咽炎区别，咽炎无食道逆蠕动。

（二）防治方法

1. 预防措施

主要是饲料加工规格化，块根词料加工达到一定的细度，可以从根本上预防本病发生。

2. 治疗方法

主要是及时排出食道阻塞物，使之畅通，包括：（1）5%水合氯醛 200～300 毫升，静脉注射，或静松灵肌肉注射，使食管壁迟缓，多数可治愈。（2）将阻塞物向口腔方向轻而慢地推压，然后一人用手从口腔中取异物，注意要保定好牛，应用开口器，避免人畜受伤。（3）在胸部食道的阻塞物，用胃管先将食管积液抽出后，灌入 200～300 毫升石蜡油，再用胃管向下推送入胃。（4）打气法。将胃导管插入食道内，然后打气或边插边达到推送阻塞物入胃的目的（需要注意力度）。

四、中暑

（一）临床症状

牛出现中暑时，常会出现精神沉郁或精神亢奋，运动迟缓，步态不稳，全身出汗，体温升高，达 42 ℃以上，结膜潮红，食欲废绝，呼吸急促，心跳加快等一系列症状，后期多会出现高热昏迷，卧地不起，肌肉震颤，意识丧失，口吐白沫等症状，救治不及时或不当最终多痉挛而死。

（二）防治方法

做好牛的防暑工作，防止牛在烈日下长时间暴晒，在运动场可用凉棚防晒，供给充足的饮水和足够的青绿饲料。在饲料中应多加些抗热应激的添加剂。

当牛出现中暑时应将病牛移至凉快的地方，用电扇和凉水物理降温。每隔 1 小时给牛体和头部浇一次凉水，或在头部放冰袋，以带走体表和体内热量。发高烧和呼吸急促的病牛，可注射退热、镇静剂。中暑症状轻微的患牛，经过救治便可以得到恢复，症状比较严重的患牛，除了采用以上方法救治外，还应静脉注射 20%甘露醇 500～1000 毫升（用于降低颅内压）、5%葡糖糖注射液 500～1000 毫升，0.9%氯化钠注射液 1000 毫升、维生素 C 注射液 100～200 毫升，氨溴注射液 100 毫升（缓解痉挛），同时灌服藿香正气水 200～300 毫升。

五、子宫内膜炎

子宫内膜炎是在母牛分娩时或产后因微生物感染而引起的。按病程可分为急性和慢性两种，临床上以慢性病例较为多见，常由未及时或未彻底治疗的急性病例转化而来。多由于产道损伤、难产、流产、子宫脱出、阴道脱出、阴道炎、子宫颈炎、恶露停滞、胎衣不下及人工授精或阴道检查时消毒不严，致使病毒侵入子宫而引起。

（一）临床症状

急性子宫内膜炎，在母牛产后 5～6 天，从阴门排出大量恶臭的恶露，呈褐色或污秽色，有时含有絮状物。慢性子宫炎出现性周期不规律，屡配不孕，阴户在母牛发情时流出较混浊的黏液。

（二）防治方法

主要方法有冲洗子宫、按摩子宫和促进子宫收缩。

六、牛胎衣不下

牛胎衣不下是指母牛分娩后 8～12 小时排不出胎衣（正常分娩后 3～5 小时排出胎衣），胎衣在分娩后 12 小时还未全部排出，称为胎衣不下或胎衣滞留。

（一）临床症状

停滞的胎衣部分悬垂于阴门之外或阻滞于阴道之内。

（二）防治方法

当母牛分娩破水时，可接取羊水 300～500 毫升，在母牛分娩后立即灌服，可促使子宫收缩，加快胎衣排出。

胎衣不下的治疗方法可分为药物治疗和手术剥离两种。药物可促进子宫收缩，加速胎衣排出。皮下或肌内注射垂体后叶素 50～100 国际单位，最好在母牛产后 8～12 小时进行。如分娩超过 24 小时，则效果不佳。或注射催产素 10 毫升（100 国际单位）、麦角新碱 6～10 毫克。手术剥离方法：先用温水灌肠，排出直肠中的积粪，或用手掏尽积粪。再用 0.1%的高锰酸钾溶液洗净外阴。后用左手握住外露的胎衣，右手顺着阴道伸入子宫，寻找子宫叶。先用拇指找出胎儿胎盘的边缘，然后将食指或拇指伸入胎儿胎盘与母体胎盘之间，把它们分开，至胎儿胎盘被分离一半时，用拇指、食指、中指握住胎衣，轻轻一拉，即可将胎衣完整地剥离下来。如粘连较紧，必须慢慢剥离。操作时，须由近向远、循序渐进，越靠近子宫角尖端，越不易剥离，需要细心，力求完整取出胎衣。

第八章

粪污处理与资源化利用

随着肉牛养殖规模化程度的提高，养殖场的粪污排放更加集中，排放量显著增加，如不及时处理，产生的异味对牛场环境造成影响，肉牛养殖所引发的环境污染问题日益凸显。高投入、高消耗、高污染的肉牛养殖方式已经不能适应现代畜牧养殖产业的需求。为了有效推动规模化肉牛养殖产业的发展，从可持续利用角度出发，坚持可持续发展理念，加大先进养殖技术的推广应用，促进肉牛养殖场粪污资源化利用方式革新，在提高资源利用效率的同时，以减少对生态环境的破坏，这样就需要掌握和应用先进的粪污清理技术。

第一节　粪污清理技术

肉牛养殖场的清粪方式主要有人工清粪、半机械化清粪和机械化清粪。肉牛养殖场的舍内多为水泥或其他硬化地面，为使干粪与尿液及污水分离，传统畜舍内都设有排尿沟，且畜舍的地面稍向排尿沟方向倾斜，通常采用人工清除粪便运至堆粪场，尿液和污水经排尿沟流入污水贮存池；现代化规模养殖场，采用半机械化或机械化的清粪方式，将粪便清出舍外运至堆粪场，污水通过暗沟流入污水池，或粪污一起刮到集粪沟，通过排污管道流入贮粪池。

一、人工清粪

人工清粪是干清粪方式之一，粪便一经产生就将粪、尿和污水分离，并分别清除，干粪由人工收集、清扫、运至堆粪场，尿及冲洗污水则从下水道流进污水贮存池，分别进行处理。该清粪过程是通过人工利用铁锨、铲板、笤帚等简单设备，清理牛舍内大部分的固体粪便，然后人力装车运送至堆粪场进行暂时存放。

人工清粪操作简单灵活，无需设备投资，但工人工作强度大、环境差、工作效率低。随着人工成本的增加、饲养规模的扩大和机械化程度的日渐提高，人工清粪的使用越来越少。

当前，小规模牛场粪污处理普遍采用人工清粪方式。小规模牛场和家庭散养户，大多采用拴系式饲养，舍内有粪尿沟，粪尿排到沟中，人工一起清理，运至堆粪场。少数牛场采用垫料饲养，粪便排泄到垫料上，人工用铁锹清理，用粪车运至堆粪场。也有的小规模牛场，采用粪污分开收集的方式，由饲养员定期对舍内水泥地面上的牛粪进行人工清理，尿液和冲洗污水则通过牛舍两侧的排尿沟排入贮存池。人工清粪一般在肉牛休息时进行，每天2～3次。

二、半机械化清粪

半机械化清粪可以看成是一种从人工清粪到机械清粪过渡的清粪方式。半机械化清粪方式就是将铲车、拖拉机改装成清粪铲车，或者购买专用清粪车辆、小型装载机进行清粪。推粪部分利用废旧轮胎制成一个刮粪斗，也可在小型拖拉机前悬挂刮粪铲，利用装载机或拖拉机的动力将粪便由粪区通道推至舍外。

目前，铲车清粪工艺在牛场运用的较多。规模化牛场，舍内都建有粪污通道，并在舍内一侧建有粪沟，或舍外侧建有集粪池，驾驶员开清粪铲车把粪污通道中的粪尿推到粪沟或舍外集粪池中，然后通过运粪车集中运走。

这种方式清粪优点是操作灵活、方便，一台机器可清理多栋畜舍，提高了工作效率，降低了人工成本；清粪铲车结构简单，维护保养方便，运行不靠电力，尤其适用于缺少电力的养殖场。清粪铲不是经常浸泡在粪尿中，受粪尿腐蚀不严重。缺点是机器运行需要燃油，运行成本较高，不能充分发挥原装载车的功能，造成浪费。而且工作次数有限，只能在牛群不在栏的时候清粪；机器体积大，需要的工作空间大，工作时噪音较大，易对牛造成伤害和惊吓。

三、机械化清粪

机械化清粪是利用专用的机械设备替代人工来清理牛舍地面的固体粪便的清粪方式。机械设备直接将收集的固体粪便运送至牛舍外，或直接运送至舍内粪沟，地面残余粪尿用少量水进行冲洗，污水排入粪沟。

机械化清粪的优点是快速便捷、节省劳动力、提高了工作效率；相对于人工清粪来说，不会造成舍内过道粪便污染。缺点是一次性投资较大，还要花费一定的运行和维护费用；机械工作部件会沾满粪便，维修起来困难；清粪设备在使用可靠性方面还有些欠缺，故障发生率较高。目前尽管清粪设备在使用过程中仍存在一定的问题，但是随着畜牧机械工程技术的进步，清粪设备的性能将会不断完善，机械化清粪将是现代规模化养殖发展的必然趋势。

当前，一些肉牛规模化养殖场常使用刮粪板清粪方式进行清粪。刮板清粪主要分链式刮板清粪和往复式刮板清粪，规模牛场一般采用链式刮板清粪。该系统主要由刮粪板和动力装置组成，清粪时，动力装置通过链条带动刮板沿着牛床地面纵向进行，刮板将地面上的牛粪刮至集粪沟中。初期安装这种设备的投资较大，当牛舍长度在 100～120 米和 200～240 米时，设备的利用效率最高。设备的耗电量不超过 18 千瓦时/天，间隔 2～3 周需对转角轮进行润滑维护。

这种清粪方式的优点是能随时清粪，能做到全天 24 小时清粪，时刻保持牛舍内清洁；机械操作简便，工作安全可靠；刮板高度及运行速度适中，基本没有噪音，对牛群的行走、饲喂、休息不造成任何影响。刮粪板不需要专门的安装基础，无论是新建的还是旧牛舍，除积粪池外，设备的安装都非常方便。

缺点是链条或钢丝绳与粪尿接触久了容易被腐蚀而发生断裂。

第二节 粪污贮存技术

为了防止粪污随意排放给环境造成污染，避免营养物质流失而影响粪污的利用价值，且满足在雨季或非农田使用期粪污的贮存需要，以及无处理设施、委托他人处理的中小规模养殖场粪污的贮存需要，养殖场要建立固定的、规范的粪污贮存场所。

粪污贮存技术是养殖场污染防治的重要环节，它与粪污的收集、处理利用方式密切相关。采用干清粪工艺的养殖场，粪污分开收集和贮存，固体粪便和污水分别贮存在堆粪场和污水池；采用水冲粪或水泡粪的养殖场，粪污一起流入贮粪池，沉淀后进行固液分离，固体部分运送至堆粪场，液体部分送至污水池或沼气生产系统。

一、固体粪便贮存技术

养殖场产生的固体粪便包括圈舍内清理出的固态和半固态的粪便，或液态和半液态粪污经过干湿分离后的固态部分。养殖场要建有规范的粪便贮存设施，即堆粪场，用于贮存待处理的固态粪便，也可贮存废弃的垫草垫料。

（一）堆粪场的设计

1. 堆粪场的选址

堆粪场的选址要符合养殖场建设规划和粪污处理区的选址规

划。应按照养殖场面积、规模以及长期规划选址，并满足场区总体布置及工艺要求，布置紧凑，方便施工和维护。

2. 堆粪场的空间

堆粪场的空间设计要考虑养殖场（户）的规模、饲养周期内的粪便产生量及贮存时间，考虑包括粪便安全贮存期、贮存期内粪便产生总量、粪便密度，以及用肥的季节变化等。另外，如果利用垫草垫料的养殖场，还要考虑废弃垫草垫料的体积，不使用垫草垫料的养殖场，可以不计算这部分体积。

3. 堆粪场的建设

堆粪场一般建在地上，顶部为彩钢或其他材料制成的防雨棚。地面向开口方向倾斜，坡底设排污沟，污水排入污水贮存设施。地面为混凝土结构，做防水防渗处理，且能满足承受运输车及所存放粪便荷载的要求。墙体采用砖混或混凝土结构，水泥抹面，做防渗处理。堆粪场周围应设排雨水沟，防止雨水流进堆粪场内；周围应设置防护围栏和明显的警示标志。也可在设施周围进行适当的绿化。设置专门通道与外界相通。

（二）日常操作与管理

每天及时收集养殖场产生的粪污，采用干清粪工艺的养殖场，粪便收集后直接运至堆粪场，依次顺序堆放，不要超过墙体高度。粪便运输要经过专门的运输通道，防止对生产和生活区造成污染。需要把粪便运输到场外的养殖场，要配备专用运输车辆，如运粪车，防止运输过程中给环境造成污染。

为了人畜安全、生物安全、周边环境安全，保证粪污在贮存过程不引起污染，要做好日常管理工作，如粪池底部喷洒石灰、定期消毒，减少臭气和蚊蝇的产生，使粪污在贮存过程中，不产生二次污染。做好周围的绿化工作，还要注意防火。此外，对发生重大疫情的畜禽养殖场粪便必须按照国家兽医防疫有关规定处置，防止疫病传播。

二、污水贮存技术

肉牛养殖场污水的来源包括肉牛尿液、冲洗用水、滴漏的饮水，以及养殖场的生活污水等。冲洗圈舍、饲槽、地面和设备清洁等而产生的液体废弃物，是污水的主要来源，它含有粪便残渣、尿液、散落的饲料等。污水的贮存设施是污水池，用来贮存从牛舍地下管道流出的污水，或经过固液分离后的液体部分。

（一）污水池的设计

1. 污水池的选址

污水池建设符合养殖场粪污处理区建设规划，要远离湖泊、小溪、水井等水源地，以免对地下水和地表水源造成污染。由于污水在贮存过程中会产生臭气，因此，污水池要建在养殖场生产区及生活管理区的下风向或侧风向，不能建在低洼的地方，以免雨水大时，池内污水溢出而污染环境。

2. 污水池的容积

污水池要设有足够的空间，需考虑养殖场内污水产生量、贮存期、当地降水的影响及预留不可预见体积等。

（二）日常操作与管理

1. 日常管理

污水经过地下管道流入污水池进行贮存，所有排污管道都要建在地下，实行暗沟排放，并做到雨污分离。养殖场加强日常管理，定期检查污水池情况，至少每两周检查一次，防止意外泄漏和溢流发生，此外，要制定底部淤泥清除计划，定期清理淤泥。为保证人畜安全，要定期消毒，防止臭气和蚊蝇的产生。

2. 应急处理

要制定应急计划，对事故性溢流采取应对措施，做好降水前后的排流工作。

3. 运输

委托第三方处理的，或污水需要运输的养殖场，要配备专用运输车辆，如液罐车，进行密闭运输，防止运输途中污染环境。并设置专门的通道与外界相通，防止运输时经过生产生活区产生污染。

第三节 粪污处理与利用

由于肉牛场规模不同，牧场采用的粪污处理模式也不同。在实际生产过程中，养殖场要因地制宜，可探索两种或两种以上模式相结合的处理模式。而且要注意的是，不同饲养规模可采用的粪污处理模式不同。

粪污资源化利用方式主要包括粪污全量还田模式、粪便堆肥利用模式和粪水肥料化利用模式等。

一、粪污全量还田模式

粪污全量还田模式是将肉牛养殖场产生的粪便、粪水和污水集中收集，全部进入氧化塘贮存。氧化塘分为敞开式和覆膜式两类，粪污通过氧化塘贮存进行无害化处理，然后在施肥季节进行农田利用。这种模式的优点是粪污收集、处理、贮存设施建设成本低，处理利用费用也较低，粪便、粪水和污水全量收集，养分利用率高。但这种模式也存在一些不足，例如粪污贮存周期一般要达到半年以上，需要足够的土地建设氧化塘贮存设施；施肥期较集中，需要配套专业化的搅拌设备、施肥机械、农田施用管网等；粪污长距离运输费用高，只能在一定范围内施用。

二、粪便堆肥利用模式

粪便堆肥利用模式是将肉牛养殖场的固体粪便，通过好氧堆肥无害化处理后，就地农田利用或生产有机肥。这种模式的优点是好氧发酵温度高，粪便无害化处理较彻底，发酵周期短；堆肥处理提高粪便的附加值。但需要注意的是，好氧堆肥过程易产生大量的臭气。

三、粪水肥料化利用模式

粪水肥料化利用模式是将肉牛养殖场产生的粪水经过氧化塘处理储存后，在农田需肥和灌溉期间，将无害化处理的粪水与灌溉用水按照一定的比例混合，进行水肥一体化施用。这种模式的优点是粪水进行氧化塘无害化处理后，为农田提供有机肥水资源，解决粪水处理压力。但这种模式需要有一定容积的贮存设施和配套的农田面积，还需要建设粪水输送管网或购置粪水运输车辆。

第九章

肉牛场的经营管理

第一节　肉牛场的经营决策

一、肉牛的市场预测

所谓市场预测就是通过调查研究掌握市场需求与价格等信息。按照一般的市场经济规律和自身的经验，对市场的现状、发展趋势作出客观的综合分析与评估。

（一）预测内容

主要有肉牛生产的发展变化情况；城乡消费习惯、消费结构、消费增长和消费心理的变化；市场价格变化情况；同类产品进出口贸易情况；国家法律、政策和国际贸易政策的变化对市场供求的影响；本地区及国内养牛业的变化；市场饲料、生产设备价格情况。

（二）预测方法

1. 经验判断法

主要依靠从业者本身的业务经验、销售人员的直觉以及专家的综合分析，来全面判断市场的发展趋势。

2. 市场调查预测法

主要通过市场调查来预测产品销售趋势，可采取典型调查、抽样调查、表格调查、询问调查和样品征询法等。

3. 实销趋势分析法

可根据以往实际销售增长趋势（即百分比），推算下期预测值的方法，计算公式为：下期销售预测值＝本期销售实际值×（本期销售实际值/上期销售实际值）。

二、肉牛的市场动态分析

主要是对饲料市场、犊牛、架子牛、育肥牛、牛肉等不同种类产品的价格的变化和社会需求量的变化因素进行综合性、客观性分析。

（一）饲料市场变化

除青绿饲料、粗饲料外，主要还有玉米、豆粕等粮油作物及其副产品。因此，农业的丰歉直接影响到饲料工业的生产，并直接制约着肉牛饲料的价格。肉牛的饲料费用占生产成本的70%左右，因而饲料又影响到肉牛产品的经济效益。

（二）牛肉产品价格变化

冷鲜、冻牛肉和牛肉制品等价格直接影响到肉牛生产的经济效益。

（三）消费习惯变化

社会的需求直接左右着牛肉产品的价格，而市场价格又刺激着肉牛养殖业的生产和发展。在我国的肉类消费结构中，猪肉人均肉类消费比重虽然有所下降，但是仍占我国肉类消费主导。近年来，牛肉消费量比重不断上升，且上升趋势不可逆转。

三、肉牛场的经营决策

（一）经营方向决策

必须根据地理条件、饲料资源、技术力量、市场需求、效益分析等情况分析后，做出抉择。是自繁自养，还是只养育肥牛，还是只养繁殖母牛、生产架子牛。总之，经济效益是根本，怎么能提高经济效益，就选择哪种经营方向；同时还要考虑生产可行性，最后再作出选择。

（二）生产规模决策

新建肉牛场究竟以多大规模为宜，既要考虑规模效益，又要考虑可行性。具体来说，就是要考虑饲养能力、饲养条件和资金等综合因素。专业户可充分利用简易棚舍、闲房、大棚，以减少基本建设投资。开始时可适度规模饲养，经过短期饲养取得经验，学到技术并对市场比较了解后再增加投资、扩大饲养规模。

（三）品种决策

肉牛有不同的品种类群、不同的地区，饲养模式和消费习惯的不同，选择的肉牛品种也不同。

1. 南方地区

如秦岭、淮河以南的部分省区，包括重庆、浙江、湖北、湖南、广西、广东、江西、福建、贵州、云南、海南及四川东南部等 12 省区。推荐使用婆罗门牛、西门塔尔牛和安格斯牛。

2. 中原地区

包括山西、河北、山东、河南、安徽和江苏等 6 省区。推荐西门塔尔牛、安格斯牛、夏洛来牛、利木赞牛和皮埃蒙特牛等国外肉牛品种和本地区良种黄牛鲁西牛、南阳牛。

3. 东北地区

包括黑龙江、吉林、辽宁和内蒙古东部地区等 4 省区。建议使用西门塔尔牛、安格斯牛，夏洛来牛、利木赞牛以及黑毛和牛进行杂交改良；同时国内品种如秦川牛、鲁西牛、南阳牛、晋南牛、延边牛等。

4. 西部地区

包括陕西、甘肃、宁夏、青海、西藏、新疆、内蒙古西部及四川西北部等 8 省区。西北、内蒙古地区推荐使用安格斯牛、西门塔尔牛、利木赞牛、夏洛来牛，适宜推广的国内品种为秦川牛；

四川西北地区牦牛品种和数量相对较大，已形成优势产业，重点应推广大通牦牛等牦牛品种。

（四）生产计划决策

要根据本牛场的牛舍设备、人员、技术条件及品种、市场需求状况等，分别制定好牛舍的建设或改造计划、牛群的周转计划、利润计划、产品生产计划、饲料供应计划和产品销售计划及其他开支计划等。

（五）产品营销决策

根据市场状况，确定产品价格，选择销售渠道，决定销售方法等。

第二节　肉牛场的经营管理

一、饲料管理

在肉牛生产中，饲料费用占到整个养殖成本的70%左右。目前，在饲料价格颇高、养殖利润趋薄的形势下，减少饲料浪费、降低生产成本、提高经济效益显得尤为重要。

（一）管理原则

按照质、量并重的原则，根据生产上的要求，尽量发挥当地饲料资源的优势，扩大来源渠道，既要满足生产上的需要，又要力争降低饲料成本。饲料供给要注意合理配制日粮的要求，做到均衡供应。

（二）合理计划

按照全年的需要量，对所需的各种饲料确定计划储备量。在制定下一年的饲料计划时，需知道牛群的发展情况，主要是牛群中的繁殖母牛数、青年牛数、育肥牛数，测算出每头牛的日粮需要及组成（营养需要量），再累计到月、年需要量。编制计划时，在理论计算值的基础上提高15%～20%为预计储备量。

（三）饲料供应

了解市场的供求信息，熟悉产地，摸清当前的市场产销情况，联系采购点，把握好价格、质量、数量、验收和运输。对一些季节性强的饲料、饲草，要做好收购后的贮藏工作，以保证不受损失。

（四）加工贮藏

玉米（秸秆）青贮的制备要按规定要求，保证质量。饲料收购的季节性很强，收购后必须做好保管工作，防止霉烂变质，保持其原有的营养价值。

（五）饲料开发利用

能满足肉牛营养需要的饲料丰富多样，除种植的豆科、禾本科牧草外，粮食作物如谷类、薯类副产品可作能量饲料，经济作物主要是油料作物副产品可提供大量饼类，是植物蛋白的主要来源。

（六）合理利用

通过合理的饲料配合和采用科学的饲养方法来实现饲料的合理利用。根据不同生理时期、不同年龄、不同生产要求的牛群对营养的需求不同，经过试验和计算配制不同日粮，既满足牛的营养需要，也不浪费饲料。

二、人员管理

培养、利用优秀的技术人员及饲养员，是保证科学饲养管理的关键。人是核心因素，要实行亲情化管理、标准化管理等。调动人的积极性，挖掘劳动潜力，是企业取得经济效益的关键。养牛场应制定劳动管理制度、饲养管理制度、防疫制度等要求工作人员遵循；还应有合理的奖惩制度，使企业的总收入和劳动者的经济利益结合起来，充分调动人的积极性。

三、生产管理

建立场长负责制，场长可行使指挥、监督、管理、控制等职能，建立健全养牛生产责任制，加强牛场经营管理，提高生产管理水平，调动职工生产积极性，奖勤罚懒。制定各种规章制度，并认真组织落实。定期开展企业经营活动分析，收集各种核算资料和记录数据，加以综合处理，得出结论，提出建议，制定新的实施方案。

四、财务管理

肉牛场应建立严格的财务管理制度，重点搞好经济核算（资金核算、成本核算、盈利核算），积极进行企业经营活动分析。重点分析：固定资金产值率、固定资金利润率、流动资金周转率、产值资金率、资金利润率、成本利润率、销售利润率、产值利润率等数据，以便及时控制资金使用，获得最佳经济效益。

五、物资管理

根据物资的用途分类管理，如工具类、药品类和生活用品类等；根据物资的使用频率分类管理，常用的物资和使用频率高的物品要放在显眼和好找的地方；根据有效期分类管理，生活用品和药品大都有明确的有效期，对于时间影响品质的物资要少购、勤购及定期用完；对于重要物资要单独存放和妥善管理，比如饲料粉碎机、混合机、打浆机等易损配件等。

六、计划管理

包括饲养计划、周转计划、饲料计划、产肉计划和繁殖配种计划等。

1. 饲养计划

根据技术方案，以预期增重为管理目标，建立总的饲养管理计划和新进牛调理计划。

2. 周转计划

根据市场行情、资金情况制定每月肉牛周转计划。

3. 饲料计划

包括饲料采购、生产与使用计划。根据牛的入栏、出栏及存栏量，确定每月饲料种类及使用量，制定饲料生产与采购计划。

4. 产肉计划

根据市场需求、各种牛源的育肥周期定出牛群育肥计划，按牛群组别、月份以及育肥完毕后平均每头活重等项表示。

5. 繁殖配种计划

根据开始繁殖年龄、妊娠期、产犊间隔、生产方向、生产任务、饲料供应、畜舍设备、饲养管理水平等条件，确定牛只的大批配种分娩时间和头数，编制配种分娩计划。

七、安全管理

主要是用电安全、生活安全、设备安全、生产安全及产品安全等，包括人员安全。

八、技术管理

技术管理是肉牛场很重要的一项工作，是取得效益的根本保证。主要注意以下几个环节。

（1）购买肉牛应注重牛的品种。购买杂交牛或优秀品种牛。

（2）根据牛群结构，合理分群饲养，生长期相近的牛集中在一栋牛舍饲养，结合其生长发育特点科学配制饲料。

（3）饲草、饲料的开发利用。充分利用当地作物秸秆、农副产品，科学合理开发饲草、饲料资源，降低饲养成本，提高养殖效益。

（4）应用推广畜牧兽医新技术，提高肉牛场的饲养管理水平，进行科学繁育、育肥，增加牛数量，提高牛品质，减少疾病发生。

九、信息化管理

随着科学信息技术的推广应用，牛场的信息化管理已越来越重要。如人员信息化管理、牛群信息化管理、市场信息收集、各级政府政策信息发布等都会给牛场带来很大帮助和支持。所以，牛场一定要利用好信息这个平台，争取更多政策支持。

第三节　肉牛场的经济核算

一、资产核算

（一）流动资产

流动资产是指可以在一年内或者超过一年的一个营业周期内变现或者运用的资产。牛场的流动资产主要包括牛场的现金、存款、应收款及预付款、存货（原材料、在产品、产成品、低值易耗品）等。流动资产周转状况会影响产品的成本。

流动资产核算的目的是加快流动资产周转，具体措施如下：

一是有计划地采购。加强采购物资的计划性，防止盲目采购；合理地储备物资，避免积压资金；加强物资的保管，定期对库存物资进行清查，防止鼠害和霉烂变质。二是缩短生产周期。科学地组织生产过程，采用先进技术，尽可能缩短生产周期，节约使用各种材料和物资，减少在产品资金占用量。三是及时销售产品。产品及时销售可以缩短产成品的滞留时间，减少流动资金占用量。四是加快资金回收。及时清理债权债务，加速应收款项的回收，减少成品资金和结算资金的占用量。

(二) 固定资产

固定资产是指使用年限在一年以上、单位价值在规定的标准以上，并且在使用中长期保持其实物形态的各项资产。牛场的固定资产主要包括建筑物、道路、基础牛及其他与生产经营有关的设备、器具、工具等。固定资产核算的目的就是提高固定资产利用效果，最大限度地减少折旧费用。

1. 固定资产的折旧

固定资产经过长期使用，物质会受到磨损，价值也会发生损耗。固定资产的损耗分为有形损耗和无形损耗两种。有形损耗是指固定资产由于使用或者由于自然力的作用，使固定资产物质上发生磨损。无形损耗是指由于劳动生产率提高和科学技术进步而引起的固定资产价值的损失。固定资产在使用过程中，由于损耗而发生的价值转移称为折旧。由于固定资产损耗而转移到产品中去的那部分价值叫折旧费或折旧额，用于固定资产的更新改造。

牛场计算固定资产折旧，一般采用平均年限法和工作量法。

平均年限法是根据固定资产的使用年限，平均计算各个时期的折旧额，因此也称直线法。其计算公式为：

固定资产年折旧额＝［原值－（预计残值－清理费用）］/固定资产预计使用年限。

固定资产年折旧率（%）＝固定资产年折旧额/固定资产原值×100＝（1－净残值率）/折旧年限×100

工作量法是按照使用某项固定资产所提供的工作量，计算出单位工作量平均应计提折旧额后，再按各期使用固定资产所实际完成的工作量，计算应计提的折旧额。这种折旧计算方法适用于一些机械等专用设备。其计算公式为：

单位工作量（单位里程或每工作小时）折旧额＝（固定资产原值－预计净残值）/总工作量（总行驶里程或总工作小时）

2. 提高固定资产利用效果的途径

一是适时、适量购置和建设固定资产。根据轻重缓急，合理购置和建设固定资产，把资金用在经济效果最大且属于生产上迫切需要的项目中；购置和建设固定资产要量力而行，做到与单位的生产规模和财力相适应。二是注重固定资产的配套。注意加强设备的通用性和适用性，并注意各类固定资产务求配套完备，使固定资产能充分发挥效用。三是加强固定资产的管理。建立严格的使用、保养和管理制度，对不需要的固定资产应及时采取措施，以免浪费，注意提高设备的时间利用强度和它的生产能力的利用程度。

二、成本核算

企业为生产一定数量和种类的产品而发生的直接材料费（直接用于产品生产的原材料、燃料动力费等）、直接人工费用（直接参加产品生产的工人工资及福利费）和间接制造费用的总和即为产品成本。

牛场的品种是否优良、饲料质量的好坏、饲养技术水平的高低、固定资产利用的好坏及人工耗费的多少等，都可以通过产品成本反映出来。所以，牛场通过成本和费用核算，可发现成本升降的原因，进而降低成本费用，提高产品的竞争能力和盈利能力。

(一) 做好成本核算的基础工作。

1. 建立健全各项原始记录

原始记录是计算产品成本的依据。如原始记录不实，就不能正确反映生产资料的耗费情况和生产成果，成本核算就失去了意义。所以，饲料、燃料动力的消耗，原材料、低值易耗品的领退，生产工时的耗用，牛的变动、周转、死亡淘汰及产出产品等的原始记录都必须如实地登记。

2. 建立健全各项定额管理制度

牛场要制定各项生产要素的耗费标准（定额）。不管是饲料、燃料动力，还是费用工时、资金占用等，都应制定比较先进、切实可行的定额。

3. 加强财产物资的计量、验收、保管、收发和盘点制度

财产物资的实物核算是其价值核算的基础。做好各种物资的计量、收集和保管工作，是正确计算产品成本的前提条件。

(二) 肉牛场成本的构成项目

1. 饲料费

指饲养过程中耗用的自产和外购的混合饲料和各种饲料原料。凡是购入的按买价加运费计算，自产饲料一般按生产成本（含种植成本和加工成本）进行计算。

2. 劳务费

从事养牛的生产管理劳动（包括饲养、清粪、繁殖、防疫、转群、消毒、购物运输等）所支付的工资、资金、补贴和福利等。

3. 医疗费

指用于牛群的生物制剂、消毒剂的采购费用，以及检疫费、

化验费、专家咨询服务费等。但已包含在配合饲料中的药物及添加剂费用不必重复计算。

4. 公牛和母牛折旧费

种公牛从开始配种算起，种母牛从产犊开始算起。

5. 固定资产折旧维修费

指牛舍、设备等固定资产的基本折旧费及修理费。根据牛舍结构、设备质量和使用年限来计损。如果只是租用土地，应加上租金；如果土地、牛舍等都是租用的，只计租金，不计折旧。

6. 燃料动力费

指饲料加工，牛舍的保暖、排风、供水、供气等耗用的燃料和电力费用。这些费用按实际支出的数额计算。

7. 利息

指一年中对固定资产投资及流动资金支付的利息总额。

8. 杂费

包括低值易耗品费用、保险费、通信费、交通费及搬运费等。

9. 税金

指一年内用于肉牛生产的土地、建筑设备及生产销售等应交税金。

10. 共同的生产费用

指分摊到牛群的间接生产费用。

以上费用构成了肉牛场的生产成本。从构成成本的项目占比来看，饲料费、公牛和母牛折旧费、人工费、固定资产折旧费等数额较大，是成本构成的主要部分，应当重点控制。

（三）成本的计算方法

牛的活重是牛场的生产成果，牛群的主、副产品或活重是反映产品率和饲养费用的综合经济指标，如在肉牛生产中可计算日饲养成本、增重成本、活重成本和产肉成本等。

1. 日饲养成本

指一头肉牛饲养 1 天的费用，反映饲养水平的高低。计算公式：

$$日饲养成本=\frac{本期饲养费用}{本期饲养头日数}$$

2. 增重单位成本

指犊牛或育肥牛增重体重的平均单位成本。计算公式为：

增重单位成本＝（本期饲养费用－副产品价值）/本期增重量

3. 活重单位成本

指牛群全部活重单位成本。计算公式为：

$$活重单位成本=\frac{期初全群成本+本期饲养费用-副产品价值}{期终全群活重+本期售出转群活重}$$

4. 生长量成本

计算公式为：

生长量成本＝生长量日饲养成本×本期饲养日

5. 牛肉单位成本

计算公式为：

$$牛肉单位成本=\frac{出栏牛饲养费用-副产品价值}{出栏牛牛肉总量}$$

参考文献

[1] 昝林森．牛生产学 [M]. 3 版. 北京：中国农业出版社，2017.

[2] 刘建钗，张鹤平. 肉牛生态高效养殖实用技术 [M]. 北京：化学工业出版社，2015.

[3] 魏刚才，赵新建，高冬冬. 怎样提高肉牛养殖效益 [M]. 北京：机械工业出版社，2021.

[4] 代大力，秦波，韩冬. 肉牛规模养殖生产技术 [M]. 哈尔滨：黑龙江科学技术出版社，2021.

[5] 万发春，刘晓牧. 肉牛标准化养殖技术 [M]. 北京：中国科学技术出版社，2017.

[6] 郭安国. 肉牛标准化养殖技术 [M]. 北京：湖北科学技术出版社，2010.